案例视频精讲系列

ANSYS Fluent 项目应用案例视频精讲

王魁波　编著

电子工业出版社
Publishing House of Electronics Industry
北京·BEIJING

内容简介

本书以 Fluent 中文版软件为基础,按软件操作的方式,结合 25 个工程应用综合案例详细讲解 Fluent 在流体仿真中的应用,帮助读者系统地学习使用 Fluent 进行仿真计算,以解决实际工作中遇到的问题。

本书共 10 章,其中选取的工程应用案例涵盖 Fluent 应用的各个领域,包括传热、流体流动、多孔介质模型、多相流模型、离散相模型、组份传输与燃烧模型、气动噪声模型、动网格问题等各种应用的数值模拟,最后结合案例讲解了 UDF 基础应用分析方法,帮助读者尽快掌握利用 Fluent 解决实际问题的能力。

本书结合视频教学以图表的方式讲解,结构严谨、条理清晰,非常适合 Fluent 的初中级读者学习,既可作为高等院校理工科相关专业的教材,也可作为相关行业工程技术人员及相关培训机构教师和学员的自学用书。

未经许可,不得以任何方式复制或抄袭本书之部分或全部内容。
版权所有,侵权必究。

图书在版编目(CIP)数据

ANSYS Fluent 项目应用案例视频精讲 / 王魁波编著. —北京:电子工业出版社,2023.8
(案例视频精讲系列)
ISBN 978-7-121-46049-4

Ⅰ. ①A… Ⅱ. ①王… Ⅲ. ①工程力学-流体力学-有限元分析-应用软件 Ⅳ. ①TB126-39

中国国家版本馆 CIP 数据核字(2023)第 136830 号

责任编辑:许存权   文字编辑:康 霞
印   刷:三河市鑫金马印装有限公司
装   订:三河市鑫金马印装有限公司
出版发行:电子工业出版社
         北京市海淀区万寿路 173 信箱 邮编 100036
开   本:787×1092 1/16 印张:21 字数:538 千字
版   次:2023 年 8 月第 1 版
印   次:2023 年 8 月第 1 次印刷
定   价:79.00 元

凡所购买电子工业出版社图书有缺损问题,请向购买书店调换。若书店售缺,请与本社发行部联系,联系及邮购电话:(010)88254888,88258888。
质量投诉请发邮件至 zlts@phei.com.cn,盗版侵权举报请发邮件至 dbqq@phei.com.cn。
本书咨询联系方式:(010)88254484,xucq@phei.com.cn。

前言

Fluent 是国际上最为流行的商用 CFD 软件包，凡是与流体、热传递和化学反应等有关的领域均有应用。Fluent 内置有丰富的物理模型、先进的数值分析方法，并拥有强大的前后处理功能，在航空航天、车辆工程、建筑工程、石油化工等领域都有广泛的应用。

Fluent 包括各种优化，如计算流体流动和热传导模型（包括自然对流、定常/非定常流、层流、湍流、不可压缩/可压缩流、周期流、旋转流等）、辐射模型、相变模型、离散相变模型、多相流模型及化学组分输运和反应流模型等。

本书作者拥有十余年的 Fluent 仿真计算经验，在本书编写过程中，作者结合其经验，以 25 个实际工程案例系统地介绍了如何进行工程问题简化，如何在 Fluent 中进行网格处理、模型选取、参数设置及结构后处理等，帮助读者尽快掌握 Fluent 的应用技能。本书具有以下特点：

（1）案例典型、结构合理。本书在结构上以 Fluent 典型的物理应用模型为基础进行章节安排，并结合简化后的工程应用案例进行讲解，读者可以根据自己的实际需要选择对应的章节进行学习。

（2）视频教学、图表驱动。本书抛弃文字描述的讲解方式，采用图表驱动的方式讲解，更加便于读者学习操作；本书配有详细的在线视频讲解，帮助读者更好地理解作者进行工程问题简化的思路、模型的选取及结果后处理过程，提高处理问题的能力。

（3）逻辑清晰、编排新颖。本书无论在问题求解思路还是内容编排上均采用了一种全新的更容易接受的方式，可以以较短的时间帮助读者学到更多的知识，并能尽快解决实际问题。

本书以 Fluent 2022 中文版为软件版本进行编写，书中示例是根据 Fluent 的应用领域精心挑选的工程应用案例，并对模型进行了适当简化，有助于帮助读者掌握利用 Fluent 解决实际工程问题的方法。

技术服务：为了做好服务，编者在"仿真技术"公众号中为读者提供技术资料分享服务，有需要的读者可关注"仿真技术"公众号。公众号中会提供技术答疑服务，解答读者在学习过程中遇到的疑难问题。另外，本书还建有技术交流群（QQ 群 3966529，入群密码 FLUENT），读者可以在其中互动交流，共同提高。

配套资源：本书配套素材文件存储在百度云盘中，请根据后面的地址进行下载；教学视频已上传到 B 站，可在线观看学习。读者也可以通过"仿真技术"公众号获取教学视频的播放地址、素材文件的下载链接、与作者的互动方式等。

素材文件下载链接：https://pan.baidu.com/s/1B87MLbYOwHx9-p3xnBlPmA
提取码：mxd9

目 录

第1章 Fluent软件概述 ················ 1
1.1 Fluent软件简介 ················ 2
1.1.1 网格技术 ················ 2
1.1.2 数值技术 ················ 3
1.1.3 物理模型 ················ 4
1.2 Fluent 与 ANSYS Workbench ········ 6
1.2.1 ANSYS Workbench 简介 ········ 6
1.2.2 ANSYS Workbench 的操作界面 ·· 6
1.2.3 在 ANSYS Workbench 中启动 Fluent ················ 7
1.3 本章小结 ················ 9

第2章 传热数值模拟 ················ 10
2.1 核燃料棒导热模拟分析 ········ 11
2.1.1 案例简介 ················ 11
2.1.2 Fluent 求解计算设置 ········ 11
2.1.3 求解设置 ················ 16
2.1.4 计算结果后处理及分析 ···· 17
2.2 自然对流换热模拟分析 ········ 19
2.2.1 案例简介 ················ 19
2.2.2 Fluent 求解计算设置 ········ 20
2.2.3 求解设置 ················ 24
2.2.4 计算结果后处理及分析 ···· 26
2.3 芯片传热模拟分析 ············ 32
2.3.1 案例简介 ················ 32
2.3.2 Fluent 求解计算设置 ········ 32
2.3.3 求解计算设置 ············ 38
2.3.4 计算结果后处理及分析 ···· 40

2.4 三通管道中换热过程模拟分析 ···· 43
2.4.1 案例简介 ················ 43
2.4.2 Fluent 求解计算设置 ········ 43
2.4.3 求解计算设置 ············ 48
2.4.4 计算结果后处理及分析 ···· 50
2.5 本章小结 ················ 54

第3章 流体流动数值模拟 ············ 55
3.1 圆柱绕流过程模拟分析 ········ 56
3.1.1 案例简介 ················ 56
3.1.2 Fluent 求解计算设置 ········ 56
3.1.3 求解计算设置 ············ 60
3.1.4 计算结果后处理 ·········· 62
3.2 高层建筑室外通风模拟分析 ···· 65
3.2.1 案例简介 ················ 65
3.2.2 Fluent 求解计算设置 ········ 65
3.2.3 求解计算设置 ············ 70
3.2.4 计算结果后处理及分析 ···· 73
3.3 风力涡轮机运动过程模拟分析 ···· 76
3.3.1 案例简介 ················ 76
3.3.2 Fluent 求解计算设置 ········ 76
3.3.3 求解计算设置 ············ 84
3.3.4 计算结果后处理及分析 ···· 87
3.4 机翼超音速飞行过程模拟分析 ···· 90
3.4.1 案例简介 ················ 90
3.4.2 Fluent 求解计算设置 ········ 90
3.4.3 求解计算设置 ············ 93
3.4.4 求解结果后处理及分析 ···· 98

3.5 本章小结 …… 103

第4章 多孔介质模型的数值模拟 …… 104

4.1 三维多孔介质内部流动过程模拟分析 …… 105
 4.1.1 案例简介 …… 105
 4.1.2 Fluent求解计算设置 …… 105
 4.1.3 求解计算 …… 109
 4.1.4 计算结果后处理及分析 …… 112

4.2 烧结矿内部流动换热过程模拟分析 …… 116
 4.2.1 案例简介 …… 116
 4.2.2 Fluent求解计算设置 …… 117
 4.2.3 求解计算 …… 121
 4.2.4 计算结果后处理及分析 …… 125

4.3 本章小结 …… 128

第5章 多相流模型的数值模拟 …… 129

5.1 大坝溃堤过程模拟分析 …… 130
 5.1.1 案例简介 …… 130
 5.1.2 Fluent求解计算设置 …… 130
 5.1.3 求解计算设置 …… 134
 5.1.4 计算结果后处理及分析 …… 138

5.2 水流对沙滩冲刷过程的数值模拟 …… 141
 5.2.1 案例简介 …… 141
 5.2.2 Fluent求解计算设置 …… 142
 5.2.3 求解计算 …… 147
 5.2.4 计算结果后处理及分析 …… 151

5.3 海水中物体高速运动过程模拟分析 …… 156
 5.3.1 案例简介 …… 156
 5.3.2 Fluent求解计算设置 …… 156
 5.3.3 求解计算 …… 161
 5.3.4 计算结果后处理及分析 …… 164

5.4 波浪流经障碍物过程模拟分析 …… 167
 5.4.1 案例简介 …… 167
 5.4.2 Fluent求解计算设置 …… 167
 5.4.3 求解计算设置 …… 174
 5.4.4 计算结果后处理及分析 …… 178

5.5 本章小结 …… 182

第6章 离散相模型的数值模拟 …… 183

6.1 喷淋塔喷淋过程模拟分析 …… 184
 6.1.1 案例简介 …… 184
 6.1.2 Fluent求解计算设置 …… 184
 6.1.3 求解计算 …… 190
 6.1.4 计算结果后处理及分析 …… 193

6.2 反应器内粒子流动过程模拟分析 …… 196
 6.2.1 案例简介 …… 196
 6.2.2 Fluent求解计算设置 …… 197
 6.2.3 求解计算 …… 201
 6.2.4 计算结果后处理及分析 …… 204

6.3 本章小结 …… 206

第7章 组份传输与燃烧模型的数值模拟 …… 207

7.1 室内污染物扩散过程模拟分析 …… 208
 7.1.1 案例简介 …… 208
 7.1.2 Fluent求解计算设置 …… 208
 7.1.3 求解计算 …… 214
 7.1.4 计算结果后处理及分析 …… 216

7.2 爆炸燃烧过程模拟分析 …… 219
 7.2.1 案例简介 …… 219
 7.2.2 Fluent求解计算设置 …… 219
 7.2.3 求解计算 …… 223
 7.2.4 计算结果后处理及分析 …… 226

7.3 燃气炉内燃气燃烧模拟分析 …… 228
 7.3.1 案例简介 …… 228
 7.3.2 Fluent求解计算设置 …… 229
 7.3.3 求解计算 …… 234
 7.3.4 计算结果后处理及分析 …… 237

7.4 本章小结 …… 238

第8章 气动噪声模型的数值模拟 …… 239

8.1 圆柱外气动噪声模拟分析 ………… 240
8.1.1 案例简介 …………………… 240
8.1.2 Fluent 求解计算设置 ………… 240
8.1.3 求解计算 …………………… 244
8.1.4 声学模型设置 ……………… 247
8.1.5 求解计算 …………………… 247
8.1.6 计算结果后处理及分析 …… 249

8.2 本章小结 ……………………………… 252

第9章 动网格问题的数值模拟 ……… 253

9.1 两车交会过程的模拟分析 …………… 254
9.1.1 案例简介 …………………… 254
9.1.2 Fluent 求解计算设置 ………… 254
9.1.3 求解计算 …………………… 259
9.1.4 计算结果后处理及分析 …… 263

9.2 齿轮泵内部运动过程的模拟分析 … 266
9.2.1 案例简介 …………………… 266
9.2.2 Fluent 求解计算设置 ………… 267
9.2.3 求解计算 …………………… 273
9.2.4 计算结果后处理及分析 …… 277

9.3 高温铁块移动冷却过程的模拟分析 · 280
9.3.1 案例简介 …………………… 280
9.3.2 Fluent 求解计算设置 ………… 281
9.3.3 求解计算 …………………… 287
9.3.4 计算结果后处理及分析 …… 292

9.4 本章小结 ……………………………… 295

第10章 UDF 基础应用分析 ………… 296

10.1 液态金属在二维通道内流动过程模拟分析 …………………………… 297
10.1.1 案例简介 ………………… 297
10.1.2 Fluent 求解计算设置 ……… 297
10.1.3 求解计算 ………………… 303
10.1.4 计算结果后处理及分析 … 306

10.2 箱子掉落至水中过程的模拟分析 … 309
10.2.1 案例简介 ………………… 309
10.2.2 Fluent 求解计算设置 ……… 309
10.2.3 求解计算 ………………… 316
10.2.4 计算结果后处理及分析 … 322

10.3 本章小结 …………………………… 325

参考文献 …………………………………… 326

第1章

Fluent 软件概述

　　CFD 商业软件 Fluent 是通用 CFD 软件包,用来模拟从不可压缩到高度可压缩范围内的复杂流动。由于采用了多种求解方法和多重网格加速收敛技术,因而 Fluent 能达到最佳的收敛速度和求解精度。灵活的非结构化网格和基于解的自适应网格技术及成熟的物理模型,使 Fluent 在转换与湍流、传热与相变、化学反应与燃烧、多相流、旋转机械、动/变形网格、噪声、材料加工、燃料电池等方面有广泛的应用。

学习目标

- 学习 Fluent 软件的主要特点;
- 了解 ANSYS Workbench 的基本操作方法;
- 学习 Fluent 启动的基本操作流程。

1.1 Fluent 软件简介

2006 年 5 月，Fluent 成为全球最大的 CAE 软件供应商——ANSYS 大家庭中的重要成员。所有的 Fluent 软件都集成在 ANSYS Workbench 环境下，共享先进的 ANSYS 公共 CAE 技术。

Fluent 是 ANSYS CFD 的旗舰产品，ANSYS 加大了对 Fluent 核心 CFD 技术的投资，确保 Fluent 在 CFD 领域的绝对领先地位。ANSYS 公司收购 Fluent 以后做了大量高技术含量的开发工作，具体如下。

- 六自由度刚体运动模块配合强大的动网格技术。
- 领先的转捩模型精确计算层流到湍流的转捩以及飞行器阻力精确模拟。
- 非平衡壁面函数和增强型壁面函数加压力梯度修正，大大提高了边界层回流计算精度。
- 多面体网格技术大大减小了网格量并提高计算精度。
- 密度基算法解决高超音速流动。
- 高阶格式可以精确捕捉激波。
- 噪声模块解决航空领域的气动噪声问题。
- 非平衡火焰模型用于航空发动机燃烧模拟。
- 旋转机械模型和虚拟叶片模型广泛用于螺旋桨旋翼 CFD 模拟。
- 先进的多相流模型。
- HPC 大规模计算高效并行技术。

图 1-1 为一个 Fluent 的计算图例，是 Fluent 在航空领域的应用实例，显示了飞机滑行过程中起落架附近的涡流分布。

图 1-1　Fluent 的计算图例

1.1.1　网格技术

计算网格是任何计算流体动力学（Computational Fluid Dynamics，CFD）计算的核心，它通常把计算域划分为几千甚至几百万个单元，在单元上计算并存储求解变量。Fluent

使用非结构化网格技术,这就意味着可以有各种各样的网格单元,具体如下。

- 二维的四边形和三角形单元。
- 三维的四面体核心单元。
- 六面体核心单元。
- 棱柱和多面体单元。

在目前的 CFD 市场上,Fluent 以其在非结构网格的基础上提供丰富的物理模型而著称,主要有以下特点。

(1)完全非结构化网格。

Fluent 软件采用基于完全非结构化网格的有限体积法,而且具有基于网格节点和网格单元的梯度算法。

(2)先进的动/变形网格技术。

Fluent 软件中的动/变形网格技术主要解决边界运动的问题,用户只需指定初始网格和运动壁面的边界条件,余下的网格变化完全由解算器自动生成。网格变形方式有 3 种:弹簧压缩式、动态铺层式和局部网格重生式。其中,局部网格重生式是 Fluent 所独有的,而且用途广泛,可用于非结构网格、变形较大问题,以及物体运动规律事先不知道而完全由流动所产生的力所决定的问题。

(3)多网格支持功能。

Fluent 软件具有强大的网格支持能力,支持界面不连续的网格、混合网格、动/变形网格以及滑动网格等。值得强调的是,Fluent 软件还拥有多种基于解的网格的自适应、动态自适应技术以及动网格与网格动态自适应相结合的技术。

1.1.2 数值技术

在 Fluent 软件中,有两种数值方法可以选择:基于压力的求解器和基于密度的求解器。

从传统上讲,基于压力的求解器是针对低速、不可压缩流开发的,基于密度的求解器是针对高速、可压缩流开发的。但近年来这两种方法被不断地扩展和重构,这使得它们突破了传统上的限制,可以求解更为广泛的流体流动问题。

Fluent 软件基于压力的求解器和基于密度的求解器完全在同一界面下,确保 Fluent 对于不同的问题都可以得到很好的收敛性、稳定性和精度。

1. 基于压力的求解器

基于压力的求解器采用的计算法则属于常规意义上的投影方法。在投影方法中,首先通过动量方程求解速度场,继而通过压力方程的修正使得速度场满足连续性条件。

由于压力方程来源于连续性方程和动量方程,从而保证整个流场的模拟结果同时满足质量守恒和动量守恒。

由于控制方程(动量方程和压力方程)的非线性和相互耦合作用,所以需要一个迭代过程,使得控制方程重复求解直至结果收敛,用这种方法求解压力方程和动量方程。

Fluent 软件中包含以下两种基于压力的求解器。

(1)基于压力的分离求解器。

如图 1-2 所示,分离求解器顺序地求解每一个变量的控制方程,每一个控制方程在求解时被从其他方程中"解耦"或分离,并且因此而得名。

分离求解器的内存效率非常高,因为离散方程仅仅在一个时刻需要占用内存,收敛速度相对较慢,因为方程是以"解耦"方式求解的。

工程实践表明,分离求解器对于燃烧、多相流问题更加有效,因为它提供了更为灵活的收敛控制机制。

(2)基于压力的耦合求解器。

如图 1-2 所示,基于压力的耦合求解器以耦合方式求解动量方程和基于压力的连续性方程,它的内存使用量大约是分离求解器的 1.5~2 倍;由于以耦合方式求解,所以它的收敛速度具有 5~10 倍的提高。

基于压力的耦合求解器同时还具有传统压力算法物理模型丰富的优点,可以与所有动网格、多相流、燃烧和化学反应模型兼容,同时收敛速度远远高于基于密度的求解器。

2. 基于密度的求解器

基于密度的求解器直接求解瞬态 N-S 方程(瞬态 N-S 方程在理论上是绝对稳定的),将稳态问题转化为时间推进的瞬态问题,由给定的初场时间推进到收敛的稳态解,这就是通常说的时间推进法(密度基求解方法)。这种方法适用于求解亚音速、高超音速等流场的强可压缩流问题,且易于改为瞬态求解器。

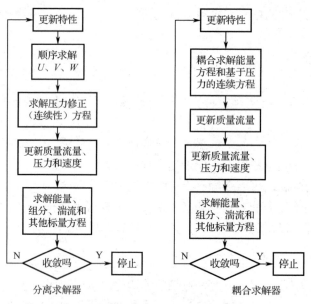

图 1-2 分离求解器和耦合求解器的流程对比

1.1.3 物理模型

Fluent 软件包含丰富而先进的物理模型,具体有以下几种。

1. 传热、相变、辐射模型

许多流体的流动伴随着传热现象，Fluent 提供了一系列应用广泛的对流、热传导及辐射模型。对于热辐射，P1 和 Rossland 模型适用于介质光学厚度较大的环境；基于角系数的 surface to surface 模型适用于介质不参与辐射的情况；DO（Discrete Ordinates）模型适用于包括玻璃在内的任何介质，DRTM 模型（Discrete Ray Tracing Module）也同样适用。

太阳辐射模型使用光线追踪算法，包含一个光照计算器，它允许光照和阴影面积的可视化，这使得气候控制的模拟更加有意义。

相变模型可以追踪分析流体的融化和凝固。离散相模型（DPM）可用于液滴和湿粒子的蒸发及煤的液化。附加源项和完备的热边界条件使得 Fluent 的传热模型成为满足各种模拟需要的成熟可靠的工具。

2. 湍流和噪声模型

Fluent 的湍流模型一直处于商业 CFD 软件的前沿，它提供的丰富的湍流模型中有经常使用到的湍流模型，包括 Spalart-Allmaras 模型、k-ω 模型组、k-ε 模型组。

随着计算机能力的显著提高，Fluent 已经将大涡模拟（LES）纳入其标准模块，并且开发了更加高效的分离涡（DES）模型，Fluent 提供的壁面函数和加强壁面处理的方法可以很好地处理壁面附近的流动问题。

气动声学在很多工业领域中备受关注，但模拟起来却相当困难。如今，使用 Fluent 可以有多种方法计算由非稳态压力脉动引起的噪声，瞬态大涡模拟（LES）预测的表面压力可以使用 Fluent 内嵌的快速傅里叶变换（FFT）工具转换成频谱。

Ffowcs-Williams & Hawkings 声学模型可以用于模拟从非流线型实体到旋转风机叶片等各式各样噪声源的传播，宽带噪声源模型允许在稳态结果的基础上进行模拟，这是一个快速评估设计是否需要改进的非常实用的工具。

3. 多相流模型

多相流混合物广泛应用于工业中，Fluent 软件是多相流建模方面的领导者，其丰富的模拟能力可以帮助工程师洞察设备内那些难以探测的现象。Eulerian 多相流模型通过分别求解各相流动方程的方法，分析相互渗透的各种流体或各相流体。对于颗粒相流体，采用特殊的物理模型进行模拟。

在很多情况下，占用资源较少的混合模型也用来模拟颗粒相与非颗粒相的混合。Fluent 可用来模拟三相混合流（液、颗粒、气），如泥浆气泡柱和喷淋床的模拟。可以模拟相间传热和相间传质的流动，这使得模拟均相及非均相成为可能。

Fluent 标准模块中还包括许多其他的多相流模型，对于其他的一些多相流流动，如喷雾干燥器、煤粉高炉、液体燃料喷雾，可以使用离散相模型（DPM）。射入的粒子、泡沫及液滴与背景流之间进行热、质量及动量的交换。

VOF（Volume of Fluid）模型可以用于对界面预测比较感兴趣的自由表面流动，如海浪。汽蚀模型已被证实可以很好地应用到水翼艇、泵及燃料喷雾器的模拟。沸腾现象可以很容易地通过用户自定义函数来实现。

1.2 Fluent 与 ANSYS Workbench

为了让读者更好地在 ANSYS Workbench 平台中使用 Fluent，本节将简要介绍 ANSYS Workbench 及其与 Fluent 的关系。

1.2.1 ANSYS Workbench 简介

ANSYS Workbench 提供了多种先进工程仿真技术的基础框架。全新的项目视图概念将整个仿真过程紧密地组合在一起，引导用户通过简单的鼠标拖曳操作来完成复杂的多物理场分析流程。

ANSYS Workbench 环境中的应用程序都是支持参数变量的，包括 CAD 几何尺寸参数、材料属性参数、边界条件参数以及计算结果参数等。在仿真流程各环节中定义的参数可以直接在项目窗口中进行管理，因而很容易研究多个参数变量的变化。

ANSYS Workbench 全新的项目视图功能改变了工程师的仿真方式。仿真项目中的各项任务以互相连接的图形化方式清晰地表达出来，使用户对项目的工程意图、数据关系和分析过程一目了然。

只要通过鼠标的拖曳操作，就可以非常容易地创建复杂的、含多个物理场的耦合分析流程，在各物理场之间的数据传输也会自动完成定义。

项目视图系统使用起来非常简单，直接从左边的工具栏中将所需的分析系统拖到项目视图窗口即可。完整的分析系统包含了所选分析类型的所有任务节点和相关应用程序，自上而下执行各个分析步骤即可完成整个分析。

1.2.2 ANSYS Workbench 的操作界面

ANSYS Workbench 的操作界面主要由菜单栏、工具栏、工具箱和项目概图区组成，如图 1-3 所示。

工具箱主要包括以下 4 个组。
- 系统：可用的预定义模板。
- 组件系统：可存取多种程序来建立和扩展分析系统。
- 定制系统：为耦合应用预定义分析系统（FSI、thermal-stress 等）。用户也可以建立自己的预定义系统。
- 设计探索：参数管理和优化工具。

需要进行某种项目分析时，可以通过两种方法在项目原理图区生成相关的分析项目流程。一种是在工具箱中双击相关项目，另一种是用鼠标将相关项目拖至项目原理图区内。

图 1-3　ANSYS Workbench 的操作界面

1.2.3　在 ANSYS Workbench 中启动 Fluent

在 ANSYS Workbench 中可以按如下步骤创建 Fluent 分析项目并启动 Fluent。

（1）单击"开始"→"所有程序"→ANSYS 2022 R1→Workbench 2022 R1 命令，启动 ANSYS Workbench 2022 R1。

（2）双击主界面"工具箱"→"组件系统"→"几何结构"选项，即可在项目管理区创建分析项目 A，如图 1-4 所示。

（3）将"工具箱"→"组件系统"→"网格"选项拖到项目原理图区，悬挂在项目 A 中的 A2 栏"几何结构"上，当项目 A2 的"几何结构"栏红色高亮显示时，即可放开鼠标创建项目 B，项目 A 和项目 B 中的"几何结构"栏（A2 和 B2）之间出现了一条线相连，表示它们之间可共享几何体数据，如图 1-5 所示。

图 1-4　创建几何结构分析项目　　　　图 1-5　创建网格分析项目

（4）将"工具箱"→"组件系统"→Fluent 选项拖到项目原理图区，悬挂在项目 B 中的 B3 栏"网格"上，当项目 B3 的"网格"栏红色高亮显示时，即可放开鼠标创建项目 C。项目 B 和项目 C 中之间出现了一条线相连，表示它们之间可共享数据，如图 1-6 所示。

图1-6 创建Fluent分析项目

也可以直接生成图1-7中的项目C而不生成项目A和项目B，这样就不必使用ANSYS Workbench中集成的CAD模块DesignModeler来生成和处理几何体。

 目前中文版的Fluent 2022需要在Workbench平台上启动Fluent项目才可以实现分析，如图1-8所示，后续案例均是在ANSYS Workbench平台上启动Fluent软件来进行分析。

图1-7 直接创建Fluent分析项目　　图1-8 直接创建Fluent分析项目（不包含前处理）

双击分析项目A2中的"设置"，将直接进入Fluent软件，此时即可打开如图1-9所示的Fluent软件操作界面。操作界面主要分为如下5大部分：

（1）"功能区"具体包括"文件""域""物理模型"等选项，在各自的下拉菜单中可以进行详细设置。

（2）"信息树"是上侧"功能区"的详细分类，方便设置操作。

（3）"设置选项卡"可以进行模型的详细参数设置。

（4）"图形区"可以进行网格显示、计算残差曲线及结果分析等。

（5）"文本信息区"可以显示网格信息、计算的详细残差值及与Fluent软件进行交互设置，例如网格优化、激活未显示模型等。

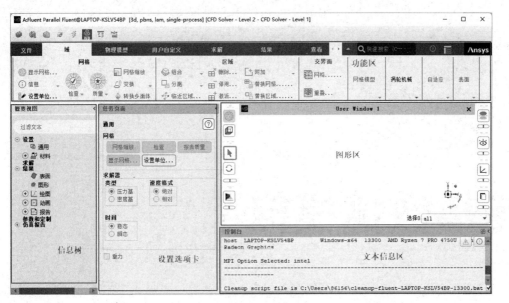

图 1-9 Fluent 软件操作界面

1.3 本章小结

本章比较系统地介绍了通用 CFD 软件 Fluent 的基本功能及新版本的特点,使读者初步了解了 Fluent 在 CFD 领域中的地位和作用,并详细介绍了 Fluent 的启动流程,使读者对整个软件有一个比较全面的了解。

第 2 章

传热数值模拟

在工程实际中经常会遇到传热问题的计算,主要包括多层固体导热、自然对流换热、芯片对流传热计算及三通管道内冷热水混合计算等,利用 Fluent 2022 软件,这些问题都能得到很好的求解。通过充分学习本章内容,读者可对传热问题的数值解法有更加深入的认识,为以后的学习打下坚实的基础。

> **学习目标**
> - 掌握传热问题数值求解的基本过程;
> - 通过实例掌握传热问题数值求解的方法;
> - 掌握传热问题边界条件的设置方法;
> - 掌握传热问题计算结果的后处理及分析方法。

2.1 核燃料棒导热模拟分析

2.1.1 案例简介

图 2-1 是一个核反应堆中燃料原件散热的简化图。该模型由三层平板组成，左右为铝板，厚度为 6 mm；中间为核燃料区，厚度为 14 mm；整体总高度为 100 mm。中间核燃料区为内热源，发热量为 1.5×10^7 W/m³；铝板两侧受到温度为 160 ℃的高压水冷却；外表面传热系数为 3000 W/（m²·K），上下两侧绝热。

2.1.2 Fluent 求解计算设置

1. 启动Fluent-2D

在 Workbench 平台启动 Fluent，Fluent 启动界面及设置如图 2-2 所示。

图 2-1 案例模型

图 2-2 Fluent 启动界面及设置

2. 读入并检查网格

（1）导入网格，如图 2-3 所示。

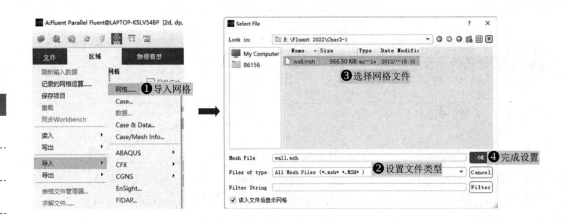

图 2-3 导入网格

(2)进行网格信息查看及网格质量检查,如图 2-4 所示。

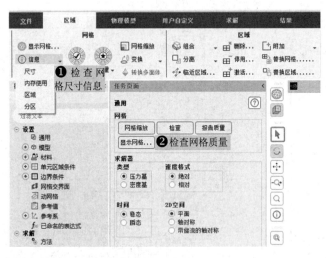

图 2-4 网格检查

查看最小体积和最小面积是否为负数,如出现负数就说明网格有错误,需重新调整并划分网格。

3. 求解器参数设置

(1)进行通用设置,如图 2-5 所示。
(2)进行能量方程设置,如图 2-6 所示。
(3)进行粘性模型设置,如图 2-7 所示。

因为本算例只涉及传热问题,所以其他诸如湍流模型等不用选择。

第 2 章　传热数值模拟

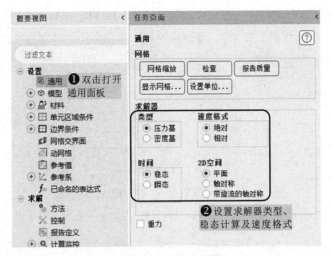

图 2-5　通用设置

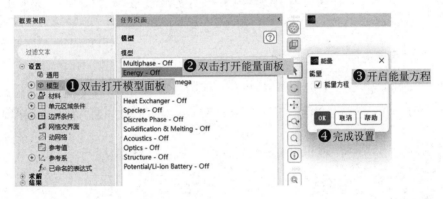

图 2-6　能量方程设置

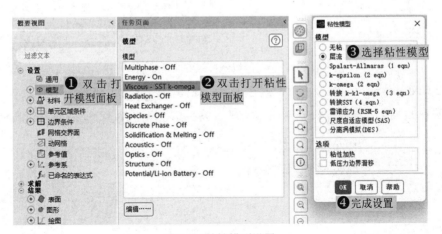

图 2-7　粘性模型设置

4．定义材料物性

进行材料物性设置，如图 2-8 所示。

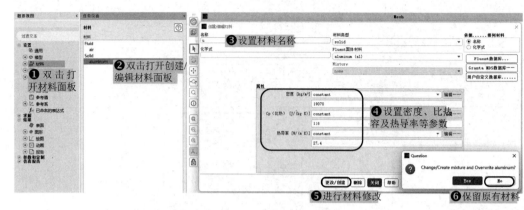

图 2-8 材料物理设置

Fluent 中的默认物性材料为铝，所以本例需新增设置铀材料物性参数，此外在第❻步一定要单击 No 按钮，否则只会保留铀材料的物性参数，而铝材料的物性参数将被删除。

5．设置区域条件

（1）zoneleft 单元区域内材料属性设置，如图 2-9 所示。

图 2-9 单元区域内材料属性设置（一）

（2）zoneright 单元区域内材料属性设置，如图 2-10 所示。

图 2-10 单元区域内材料属性设置（二）

(3) zonemiddle 单元区域内材料属性及发热源设置，如图 2-11 所示。

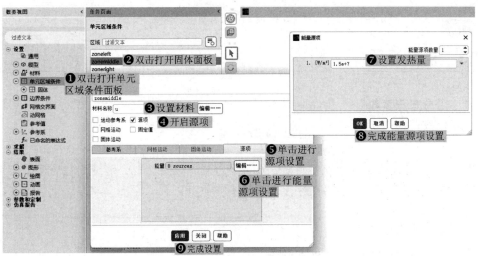

图 2-11　单元区域内材料及发热源设置

6．设置边界条件

（1）进行 wallleft 边界条件设置，如图 2-12 所示。

图 2-12　wallleft 边界条件设置

（2）进行 wallright 边界条件设置，如图 2-13 所示。

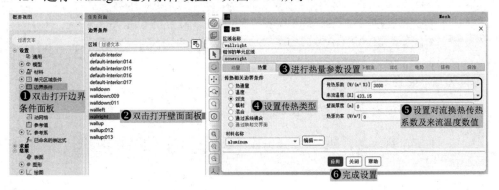

图 2-13　wallright 边界条件设置

> 本算例中上下边界默认为绝热边界，不用设置。

2.1.3 求解设置

1．求解方法参数

进行求解方法参数设置，如图 2-14 所示。

> 求解方法参数的设置主要是对连续方程、动力方程、能量方程的具体求解方式，以及节点的离散方法进行设置。

2．设置亚松弛因子

进行亚松弛因子设置，如图 2-15 所示。

图 2-14 求解方法参数设置

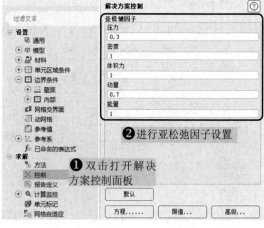

图 2-15 亚松弛因子设置

> 本例相对简单，所以亚松弛因子不必修改，对于复杂的物理问题，亚松弛因子是需要修改的。亚松弛因子的大小在 0～1 范围，越大收敛速度越快，但不易收敛；越小收敛速度越慢，但较易收敛。

3．设置收敛临界值

进行收敛残差值设置，如图 2-16 所示。

> 在设定的迭代次数内，只有当残差小于设置值时才终止计算。

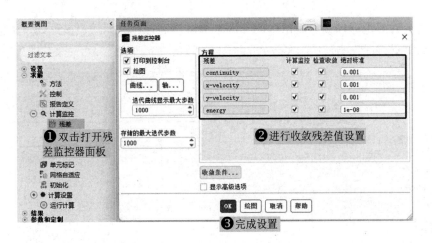

图 2-16 收敛残差值设置

4．设置流场初始化

进行流场初始化设置，如图 2-17 所示。

提示：在开始迭代计算之前，用户必须给 Fluent 程序提供一个初始值，也就是把前面设定的边界条件数值加载给 Fluent。

5．迭代计算

进行运行计算设置，如图 2-18 所示。

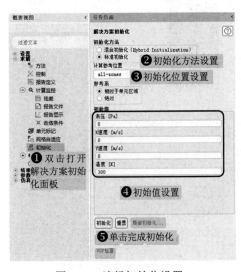

图 2-17 流场初始化设置

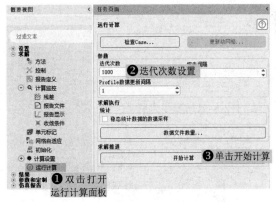

图 2-18 运行计算设置

2.1.4 计算结果后处理及分析

1．温度云图显示

进行温度云图绘制设置，如图 2-19 所示。显示计算区域的温度云图，如图 2-20 所示。从温度云图中可以明显看出中间热源区域温度高,越往两边温度越低,中间最高温度为 485 K 左右。

图 2-19 温度云图显示设置

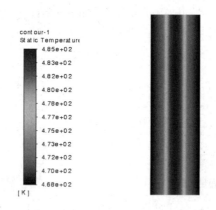

图 2-20 温度云图

2. 创建线段

创建一条线段,如图 2-21 所示。

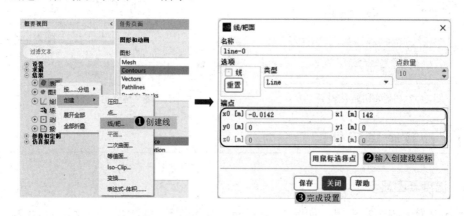

图 2-21 创建线段设置

3. 绘制温度曲线

进行温度曲线显示设置，如图 2-22 所示。

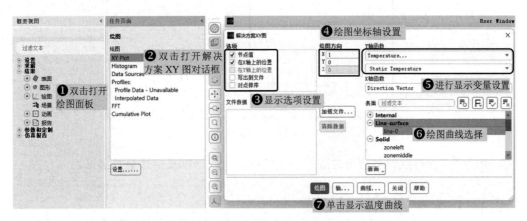

图 2-22　绘制曲线显示设置

绘制的温度曲线如图 2-23 所示，由图可以看出，温度曲线呈现中间高两边低且对称的形状，在两边的铝板区域，由于没有内热源，温度曲线呈线性特征，而中间的内热源区域温度曲线呈二次曲线特征。

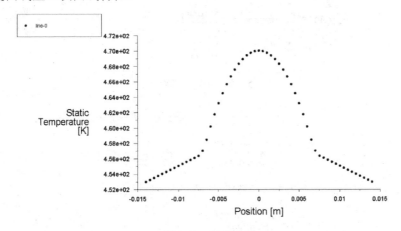

图 2-23　温度曲线

2.2　自然对流换热模拟分析

2.2.1　案例简介

本案例主要进行双方腔内自然对流的数值模拟。如图 2-24 所示，一个长 2 mm，宽 1 mm 的长方形方腔，在正中间被隔板隔开，形成两个正方形的方腔。两个方腔的上下壁面都为绝热面，左边 left 壁面恒温为 360 K，右边 right 壁面恒温为 350 K，左边壁面以自然对流和导热方式通过中间壁面把热量传给右边壁面。

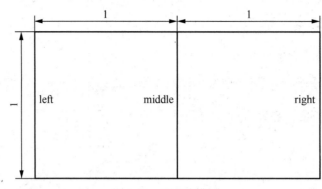

图 2-24 双方腔模型

通过模拟，可以得到两个方腔内的温度场、速度场以及换热量等结果。

2.2.2　Fluent 求解计算设置

1．启动 Fluent-2D

在 Workbench 平台启动 Fluent，Fluent 启动界面及设置如图 2-25 所示。

图 2-25　Fluent 启动界面及设置

2．读入并检查网格

（1）导入网格，如图 2-26 所示。
（2）进行网格信息查看及网格质量检查，如图 2-27 所示。

 查看最小体积和最小面积是否为负数，如出现负数就说明网格有错误，需重新调整并划分网格。

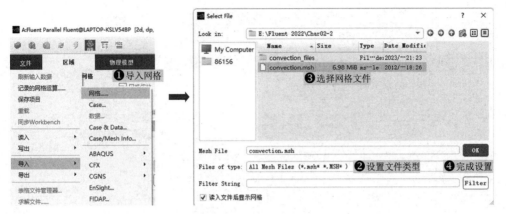

图 2-26　导入网格

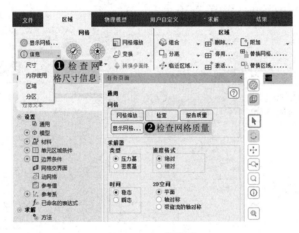

图 2-27　网格检查

3．求解器参数设置

（1）进行通用设置，如图 2-28 所示。

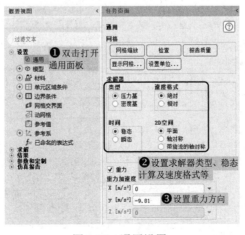

图 2-28　通用设置

（2）进行能量方程设置，如图 2-29 所示。

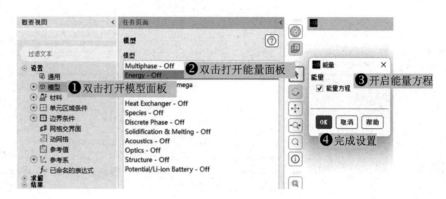

图 2-29　能量方程设置

（3）进行粘性模型设置，如图 2-30 所示。

图 2-30　粘性模型设置

4．定义材料物性

进行材料属性设置，如图 2-31 所示。

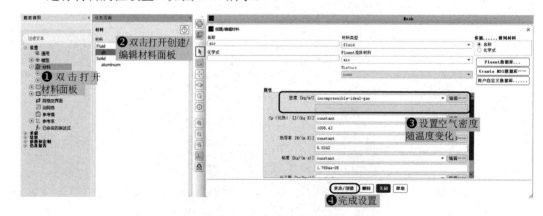

图 2-31　材料属性设置

封闭空间自然对流换热仿真需要考虑空气密度随温度变化。

5. 设置区域条件

（1）zone_left 单元区域内材料设置，如图 2-32 所示。

图 2-32　单元区域内材料设置（一）

（2）zone_right 单元区域内材料设置，如图 2-33 所示。

图 2-33　单元区域内材料设置（二）

6. 设置边界条件

（1）进行 left 边界条件设置，如图 2-34 所示。

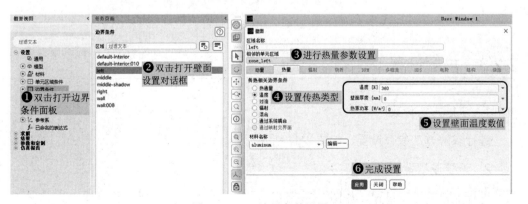

图 2-34　left 边界条件设置

(2) 进行 right 边界条件设置,如图 2-35 所示。

图 2-35 right 边界条件设置

7. 设置工作密度

进行工作密度设置,如图 2-36 所示。

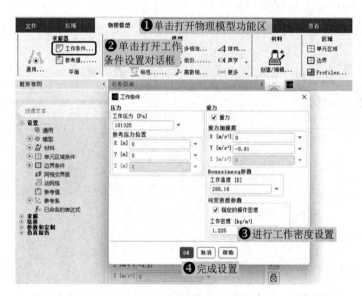

图 2-36 工作密度设置

2.2.3 求解设置

1. 求解方法参数

进行求解方法参数设置,如图 2-37 所示。

2. 设置亚松弛因子

进行亚松弛因子设置,如图 2-38 所示。

图 2-37 求解方法参数设置

图 2-38 亚松弛因子设置

3．设置收敛临界值

进行收敛残差值设置，如图 2-39 所示。

图 2-39 收敛残差值设置

4．流场初始化设置

进行流场初始化设置，如图 2-40 所示。

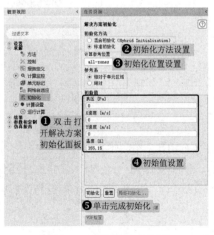
图 2-40 流场初始化设置

5. 迭代计算

进行运行计算设置，如图 2-41 所示。

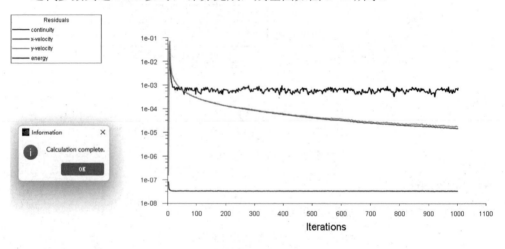

图 2-41　运行计算设置

迭代步数到达 1000 步时，计算完成，残差图如图 2-42 所示。

图 2-42　残差图

2.2.4　计算结果后处理及分析

1. 压力云图显示

　　进行压力云图显示设置，如图 2-43 所示。显示计算区域的压力云图，如图 2-44 所示。由压力云图可以看出，左右两方腔的压力场均呈上高下低的状态，且从上至下压力呈分层的均匀分布。由于左侧方腔空气温度要高于右侧方腔，所以左侧方腔压力大于右侧方腔压力。

图 2-43　压力云图显示设置

图 2-44　压力云图

2. 温度云图显示

进行温度云图显示设置，如图 2-45 所示，显示计算区域的温度场，如图 2-46 所示。由温度云图可以看出，左右两个壁面的贴近壁面区域，等温线与壁面近似平行，随着距壁面距离的变大，等温线逐渐变为弧形，到达中间隔板处，温度趋于一致。

图 2-45　温度云图显示设置

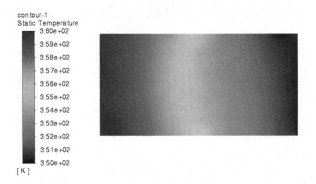

图 2-46 温度云图

3．速度云图显示

进行速度云图显示设置，如图 2-47 所示，显示计算区域的速度云图，如图 2-48 所示。由速度云图可以看出，左右两个区域的速度场呈近似对称的结构，且两个方腔的中心区域速度都最低，近似为 0，右侧方腔的最高速度要大于左侧方腔。

图 2-47 速度云图显示设置

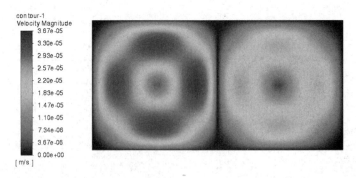

图 2-48 速度云图

4．速度矢量云图显示

进行速度矢量云图显示设置，如图 2-49 所示。显示计算区域的速度矢量云图，如图 2-50 所示。由速度矢量图可以看出，左右两个方腔内空气均呈顺时针旋转流动，形成了两个漩涡，漩涡也呈近似对称的结构。

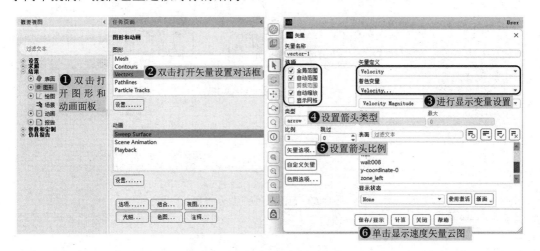

图 2-49　速度矢量云图显示设置

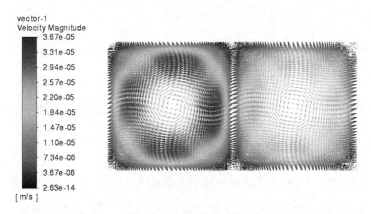

图 2-50　速度矢量云图

5．中心线上的计算结果

（1）创建等值面设置，如图 2-51 所示。

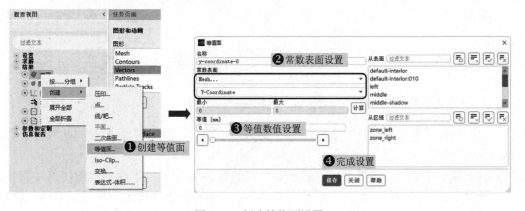

图 2-51　创建等值面设置

（2）绘制中心线上的温度曲线显示设置，如图 2-52 所示，温度曲线如图 2-53 所示。

图 2-52　温度曲线的显示设置

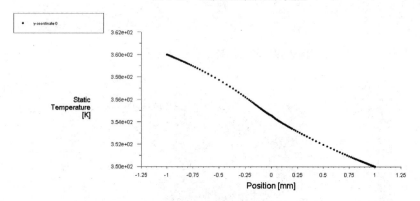

图 2-53　温度曲线图

（3）绘制中心线上的密度曲线显示设置，如图 2-54 所示，密度曲线如图 2-55 所示。

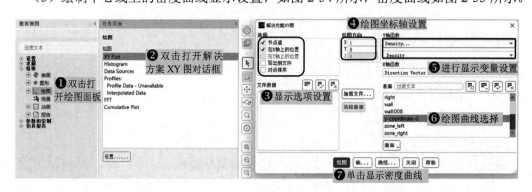

图 2-54　密度曲线显示设置

由温度曲线和密度曲线可以看出，两条曲线的趋势正好相反，温度高的区域密度小，温度低的区域密度大。

（4）绘制中心线上的速度曲线显示设置，如图 2-56 所示，速度曲线图如图 2-57 所示。由速度曲线图可以看出，以中心点 0 为界，左右方腔的速度大小呈近似对称，均为双驼峰结构，且右侧方腔的最大速度大于左侧方腔。由自然对流引起的空气流动，其流速很小，为 10^{-5} 数量级。

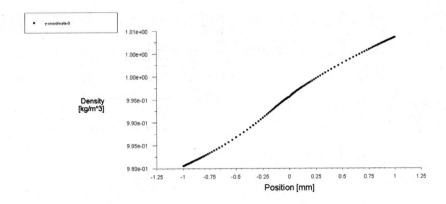

图 2-55 密度曲线图

图 2-56 绘制速度曲线显示设置

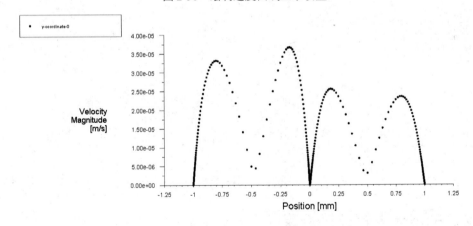

图 2-57 速度曲线图

6. 壁面换热量结果

进行壁面换热量计算设置,如图 2-58 所示。左壁面散失的热量和右壁面获得的热量分别为 0.068 W 和 0.047 W,由于计算误差的存在,左右壁面得失热量相差 0.02 W,可见误差较小,结果可信。

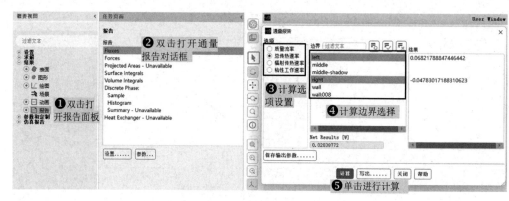

图 2-58 边界换热量计算设置

2.3 芯片传热模拟分析

2.3.1 案例简介

如图 2-59 所示的电路板，来流流速为 0.5 m/s，芯片为高温热源，请用 Fluent 分析芯片传热情况。

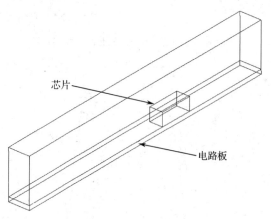

图 2-59 案例模型

2.3.2 Fluent 求解计算设置

1．启动Fluent-3D

在 Workbench 平台内启动 Fluent，Fluent 启动界面及设置如图 2-60 所示。

2．导入并检查网格

（1）导入网格，如图 2-61 所示。

图 2-60　Fluent 启动界面及设置

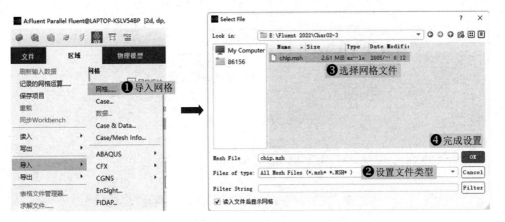

图 2-61　导入网格

（2）进行网格信息查看及网格质量检查，如图 2-62 所示。

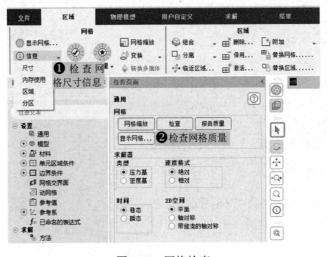

图 2-62　网格检查

查看最小体积和最小面积是否为负数,如出现负数就说明网格有错误,需重新调整并划分网格。

3. 求解器参数设置

(1) 进行通用设置,如图 2-63 所示。

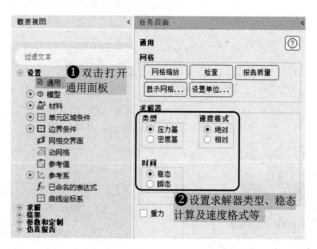

图 2-63 通用设置

(2) 进行能量方程设置,如图 2-64 所示。

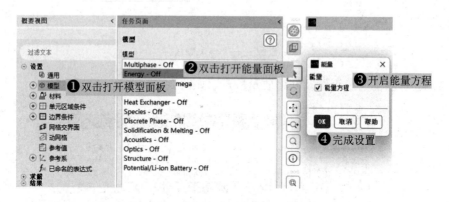

图 2-64 能量方程设置

(3) 进行粘性模型设置,如图 2-65 所示。

4. 定义材料属性

进行芯片材料设置,如图 2-66 所示。
进行底板材料设置,如图 2-67 所示。

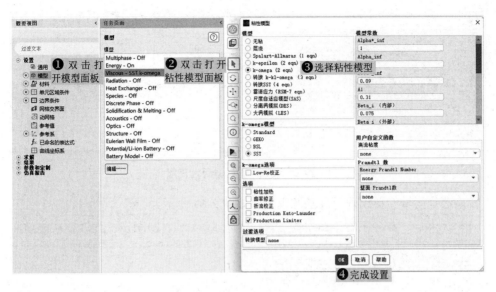

图 2-65　粘性模型设置

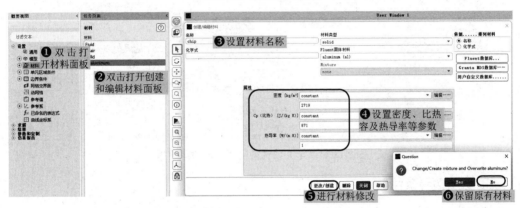

图 2-66　材料设置（一）

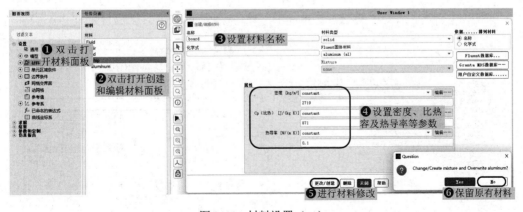

图 2-67　材料设置（二）

5．设置区域条件

（1）底板区域材料属性设置，如图 2-68 所示。

图 2-68　单元区域材料属性设置

（2）芯片区域材料属性及发热源设置，如图 2-69 所示。

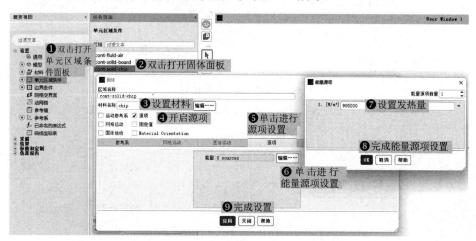

图 2-69　单元区域材料属性及发热源设置

6. 设置边界条件

（1）进行速度入口边界条件设置，如图 2-70 所示。

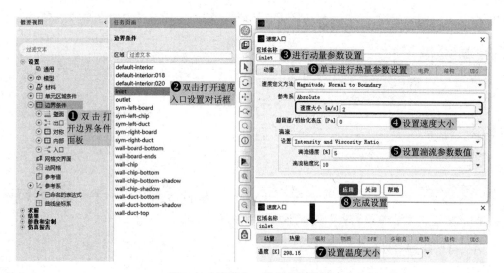

图 2-70　速度入口边界条件设置

（2）进行压力出口边界条件设置，如图 2-71 所示。

图 2-71　压力出口边界条件设置

（3）进行壁面边界条件设置，如图 2-72 所示。

图 2-72　壁面边界条件设置

同步骤（3），确保 wall-chip、wall-chip-bottom、wall-chip-bottom-shadow、wall-duct-bottom 和 wall-duct-bottom-shadow 的 Thermal Conditions 选择"耦合"。

（4）进行 wall-board-bottom 边界条件设置，如图 2-73 所示。

（5）将 wall-board-bottom 边界的参数设置复制给 wall-duct-top 边界，如图 2-74 所示。

图 2-73 wall-board-bottom 边界条件设置

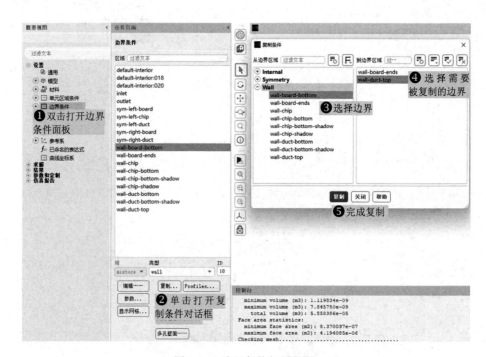

图 2-74 边界条件复制设置

2.3.3 求解计算设置

1. 求解方法参数

进行求解方法参数设置，如图 2-75 所示。

求解方法参数的设置主要是对连续方程、动力方程、能量方程的具体求解方式，以及节点的离散方法进行设置。

2．设置亚松弛因子

进行亚松弛因子设置，如图 2-76 所示。

图 2-75　求解方法参数设置　　　图 2-76　亚松弛因子设置

3．设置收敛临界值

进行收敛残差值设置，如图 2-77 所示。

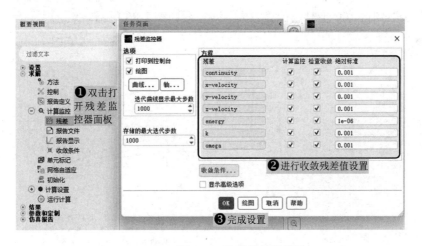

图 2-77　收敛残差值设置

 在设定的迭代次数内，只有当残差小于设置值才终止计算。

4．设置流场初始化

进行流场初始化设置，如图 2-78 所示。

> **提示** 在开始迭代计算之前,用户必须给 Fluent 程序提供一个初始值,也就是把前面设定的边界条件的数值加载给 Fluent。

5. 迭代计算

进行运行计算设置,如图 2-79 所示。

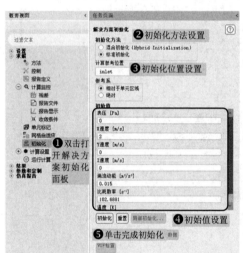

图 2-78　流场初始化设置

图 2-79　运行计算设置

迭代步数到达 100 步时,计算完成,残差图如图 2-80 所示。

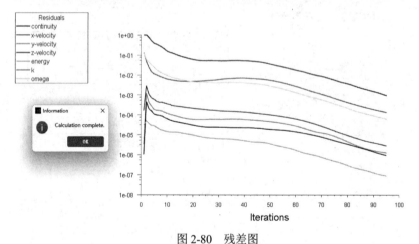

图 2-80　残差图

2.3.4　计算结果后处理及分析

1. 速度云图显示

进行速度云图显示设置,如图 2-81 所示,显示计算区域的速度云图,如图 2-82 所示。由速度云图可以看出，最大速度 2.84 m/s，且由于芯片的阻挡，在芯片后侧出现局部速度回流。

图 2-81 速度云图显示设置

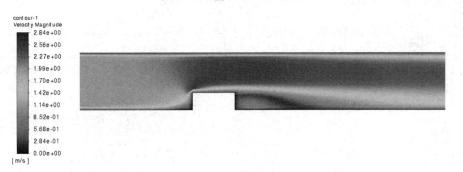

图 2-82 速度云图

2. 温度云图显示

进行温度云图显示设置，如图 2-83 所示，显示计算区域的温度云图，如图 2-84 所示。

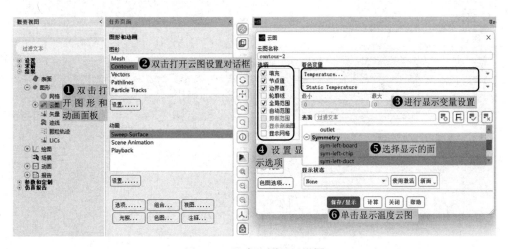

图 2-83 温度云图显示设置

图 2-84 温度云图

3. 压力云图显示

进行压力云图显示设置，如图 2-85 所示。显示计算区域的压力云图，如图 2-86 所示。

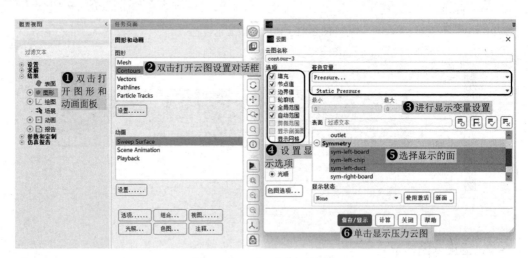

图 2-85 压力云图显示设置

图 2-86 压力云图

2.4 三通管道中换热过程模拟分析

2.4.1 案例简介

如图 2-87 所示，三通管道的水从两个入口流入混合后一个出口流出，两个入口水的流速分别为 4 m/s 和 2 m/s，入口流入水的温度分别为 283.15 K 和 353.15 K，用 Fluent 仿真分析冷热水混合换热过程。

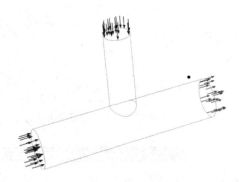

图 2-87　案例模型

2.4.2 Fluent 求解计算设置

1. 启动 Fluent-3D

在 Workbench 平台启动 Fluent，Fluent 启动界面及设置如图 2-88 所示。

图 2-88　Fluent 启动界面及设置

2. 读入并检查网格

（1）导入网格，如图 2-89 所示。

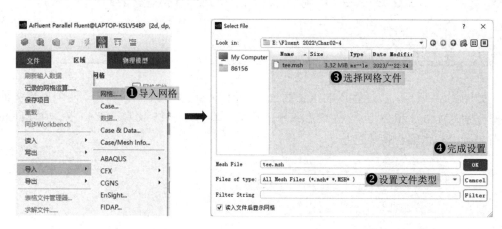

图 2-89　导入网格

（2）进行网格信息查看及网格质量检查，如图 2-90 所示。

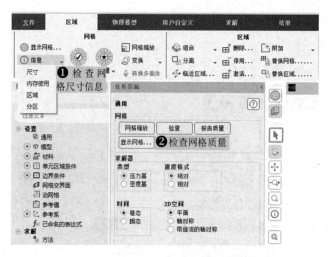

图 2-90　网格检查

 查看最小体积和最小面积是否为负数，如出现负数就说明网格有错误，需重新调整并划分网格。

3. 求解器参数设置

（1）进行通用设置，如图 2-91 所示。
（2）进行能量方程设置，如图 2-92 所示。
（3）进行粘性模型设置，如图 2-93 所示。

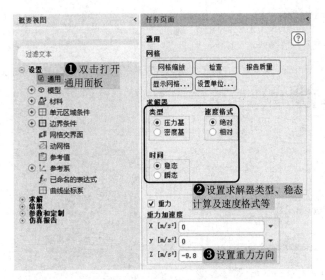

图 2-91　通用设置

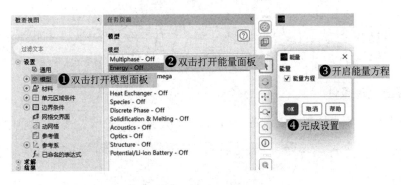

图 2-92　能量方程设置

图 2-93　粘性模型设置

4．定义材料物性

进行材料设置，如图 2-94 所示。

图 2-94 材料设置

Fluent 中默认的流体材料为空气，所以本例需新增设置水物性参数，Fluent 数据库中有比较多的材料，需要时可以进行添加。

5．设置区域条件

Fluid 单元区域内材料属性设置，如图 2-95 所示。

图 2-95 单元区域内材料属性设置

6．设置边界条件

（1）进行 Inlet-y 入口边界条件设置，如图 2-96 所示。

图 2-96　速度入口边界条件设置（Inlet-y）

（2）进行 Inlet-z 入口边界条件设置，如图 2-97 所示。

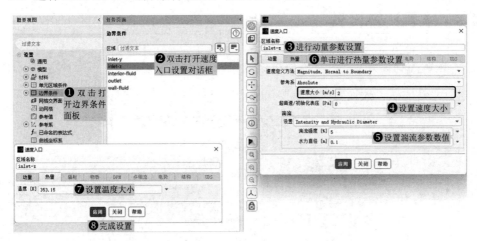

图 2-97　速度入口边界条件设置（Inlet-z）

（3）进行压力出口边界条件设置，如图 2-98 所示。

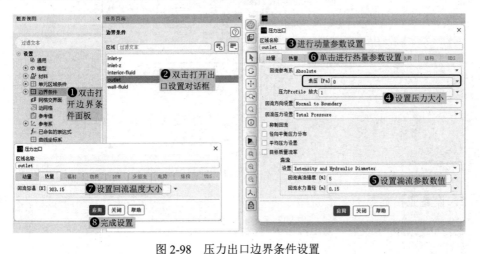

图 2-98　压力出口边界条件设置

（4）进行壁面边界条件设置，如图2-99所示。

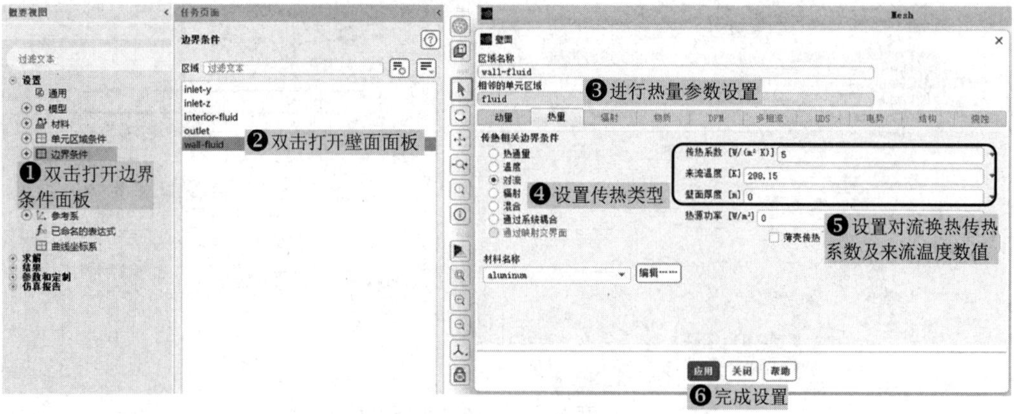

图2-99 壁面边界条件设置

2.4.3 求解计算设置

1．求解控制参数

进行求解方法参数设置，如图2-100所示。

图2-100 求解方法参数设置

2．设置亚松弛因子

进行亚松弛因子设置，如图2-101所示。

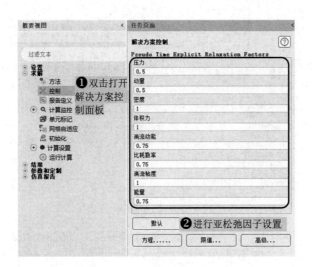

图 2-101　亚松弛因子设置

3．设置收敛临界值

进行收敛残差值设置，如图 2-102 所示。

图 2-102　收敛残差值设置

 在设定的迭代次数内，当残差小于设置值时终止计算。

4．设置流场初始化

进行流场初始化设置，如图 2-103 所示。

5．迭代计算

进行运行计算设置，如图 2-104 所示。

迭代残差曲线如图 2-105 所示。

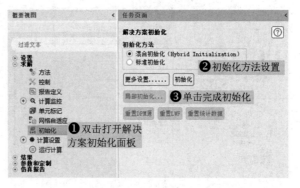

图 2-103　流场初始化设置

图 2-104　运行计算设置

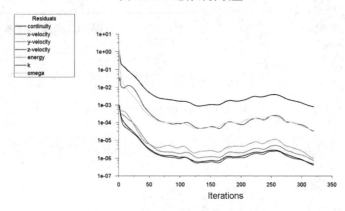

图 2-105　残差曲线

2.4.4　计算结果后处理及分析

1. 质量流量报告

进行进出口流量计算，如图 2-106 所示，进出口质量流量差异很小，质量流量是守恒的。

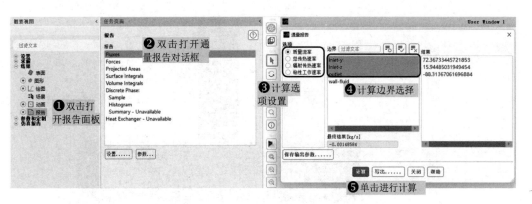

图 2-106　进出口流量计算设置

2. 创建分析截面

完成分析截面设置并创建，如图 2-107 所示。

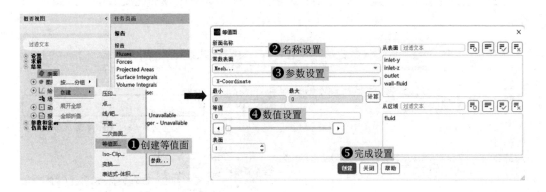

图 2-107　分析截面设置

3. 压力云图显示

进行压力云图显示设置，如图 2-108 所示。显示计算区域的压力云图，如图 2-109 所示。

图 2-108　压力云图显示设置

图 2-109 压力云图

4．速度云图显示

进行速度云图显示设置，如图 2-110 所示。显示计算区域的速度云图，如图 2-111 所示。

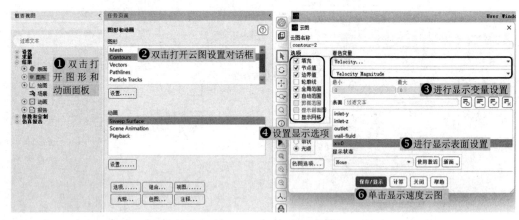

图 2-110 速度云图显示设置

图 2-111 速度云图

5．温度云图显示

进行温度云图显示设置，如图 2-112 所示。显示计算区域的温度云图，如图 2-113 所示。

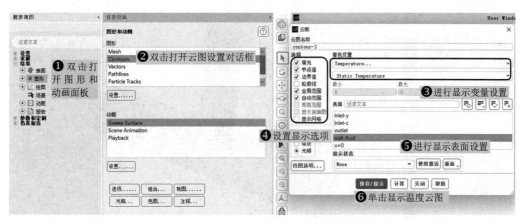

图 2-112 温度云图显示设置

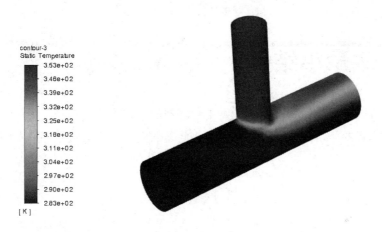

图 2-113 温度云图

6. 壁面Yplus云图显示

进行 Yplus 云图显示设置,如图 2-114 所示。显示计算区域的 Yplus 云图,如图 2-115 所示。

图 2-114 Yplus 云图显示设置

图 2-115　Yplus 云图

2.5 本章小结

　　本章通过四个传热问题的算例，对求解过程的设置以及结果后处理分析进行了详细说明。通过本章的学习，读者可以掌握传热问题的建模、求解设置，以及结果后处理等相关知识。

第 3 章

流体流动数值模拟

本章主要介绍使用 Fluent 软件模拟流体流动的现象，包括二维和三维模型的建立，网格划分和边界条件的设定，利用 Fluent 2022 软件对四个流体流动问题进行数值模拟分析。通过学习本章内容，读者可对 Fluent 2022 软件中流体流动现象求解有更加深入的认识和理解，为求解此类实际问题打下坚实基础。

学习目标

- 掌握流体流动数值求解的基本过程；
- 通过实例掌握流动数值求解的方法；
- 掌握流动问题边界条件的设置方法；
- 掌握流动问题计算结果的后处理及分析方法。

3.1 圆柱绕流过程模拟分析

3.1.1 案例简介

黏性流体绕流圆柱时，其流场的特性随着 Re 变化，当 Re 为 10 左右时，流体在圆柱表面的后驻点附近脱落，形成对称的反向漩涡。随着 Re 的进一步增大，分离点前移，漩涡也会相应地增大。当 Re 大约为 46 时，脱体漩涡就不再对称，而是以周期性的交替方式离开圆柱表面，在尾部形成了著名的卡门涡街。涡街使其表面周期性变化的阻力和升力增加，从而导致物体振荡，产生噪声。

图 3-1 为圆柱绕流计算区域的几何尺寸，计算区域长 1 m，宽 0.2806 m，圆柱直径为 0.05 m，入口水流速度为 0.012 m/s。

图 3-1 案例模型

3.1.2 Fluent 求解计算设置

1. 启动 Fluent-2D

在 Workbench 平台启动 Fluent，Fluent 启动界面及设置如图 3-2 所示。

图 3-2 Fluent 启动界面及设置

2. 读入并检查网格

（1）导入网格，如图 3-3 所示。

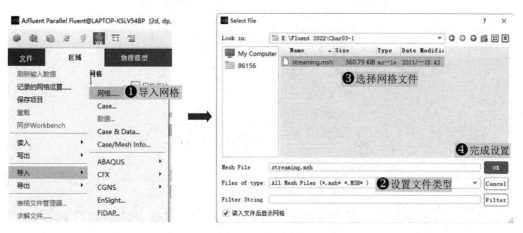

图 3-3　导入网格

（2）进行网格信息查看及网格质量检查，如图 3-4 所示。

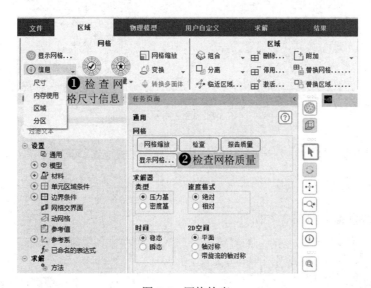

图 3-4　网格检查

 查看最小体积和最小面积是否为负数，如出现负数就说明网格有错误，需重新调整并划分网格。

3. 求解器参数设置

（1）进行通用设置，如图 3-5 所示。
（2）进行粘性模型设置，如图 3-6 所示。

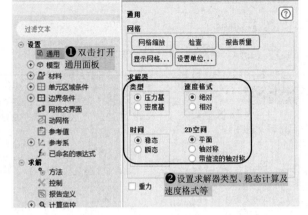

图 3-5 通用设置

图 3-6 粘性模型设置

 因为本算例只涉及流动问题,所以其他诸如能量模型等不需选择。

4. 定义材料物性

进行材料设置,如图 3-7 所示。

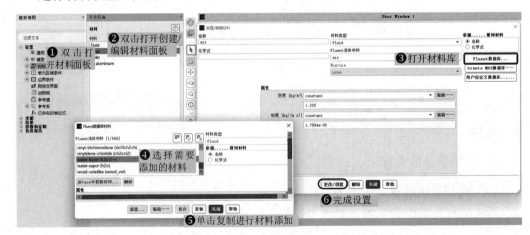

图 3-7 材料设置

Fluent 中默认的流体材料为空气,所以本例需新增设置水物性参数,Fluent 数据库中有比较多的材料,需要时可以进行添加。

5. 设置区域条件

单元区域内材料属性设置,如图 3-8 所示。

图 3-8　单元区域内材料属性设置

6. 设置边界条件

(1)进行速度入口边界条件设置,如图 3-9 所示。

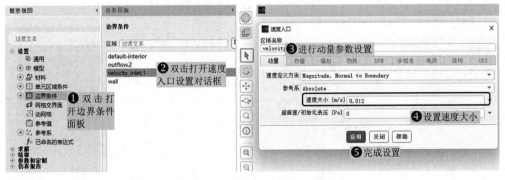

图 3-9　速度入口边界条件设置

(2)进行出口边界条件设置,如图 3-10 所示。

图 3-10　出口边界条件设置

3.1.3　求解计算设置

1．求解控制参数

进行求解方法参数设置，如图 3-11 所示。

 求解方法参数的设置主要是对连续方程、动力方程、能量方程的具体求解方式，以及节点的离散方法进行设置。

2．设置亚松弛因子

进行亚松弛因子设置，如图 3-12 所示。

图 3-11　求解方法参数设置　　　图 3-12　亚松弛因子设置

3．设置收敛临界值

进行收敛残差值设置，如图 3-13 所示。

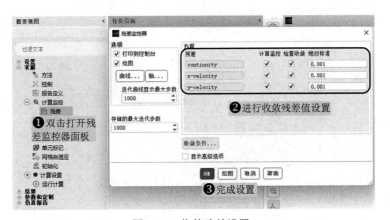

图 3-13　收敛残差设置

 在设定的迭代次数内，只有当残差小于设置值时才终止计算。

4．设置流场初始化

进行流场初始化设置，如图 3-14 所示。

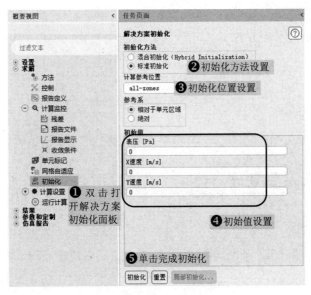

图 3-14　流场初始化设置

 在开始迭代计算之前，用户必须给 Fluent 程序提供一个初始值，也就是把前面设定的边界条件的数值加载给 Fluent。

5．迭代计算

进行运行计算设置，如图 3-15 所示。
计算得到的残差曲线如图 3-16 所示。

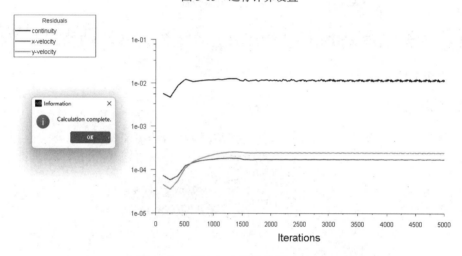

图 3-15 运行计算设置

图 3-16 残差曲线

3.1.4 计算结果后处理

1. 质量流量报告

进行进出口流量计算,如图 3-17 所示,进出口质量流量相等,质量流量是守恒的。

图 3-17 进出口流量计算设置

2. 速度云图显示

进行速度云图显示设置，如图 3-18 所示。显示计算区域的速度云图，如图 3-19 所示，由速度云图可看出，水流经过圆柱之后，开始发生脱离，形成了非对称的绕流漩涡对，这就是卡门涡街。

图 3-18　速度云图显示设置

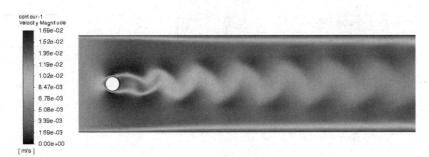

图 3-19　速度云图

3. 压力云图显示

进行压力云图显示设置，如图 3-20 所示。显示计算区域的压力云图，如图 3-21 所示。

图 3-20　压力云图显示设置

图 3-21 压力云图

4．速度矢量云图显示

进行速度矢量云图显示设置，如图 3-22 所示。显示计算区域的速度矢量云图，如图 3-23 所示。

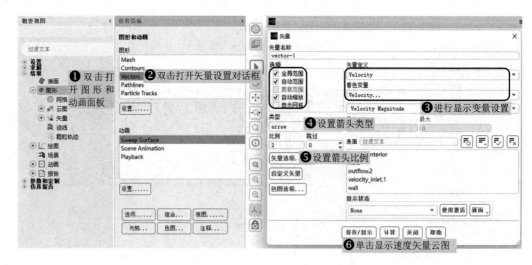

图 3-22 速度矢量云图显示设置

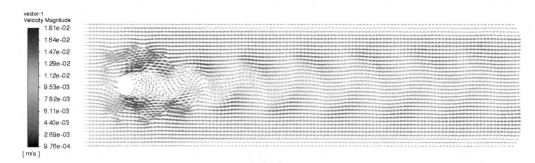

图 3-23 速度矢量云图

3.2 高层建筑室外通风模拟分析

3.2.1 案例简介

如图 3-24 所示的三栋高层建筑，高度均为 108 m，计算区域为长 1200 m、宽 1200 m、高 300 m。其中来风流速为 4 m/s，风向为西北风，请用 ANSYS Fluent 求解出压力与速度的分布云图。

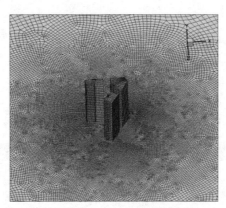

图 3-24　案例模型

3.2.2 Fluent 求解计算设置

1. 启动Fluent-3D

在 Workbench 平台启动 Fluent，Fluent 启动界面及设置如图 3-25 所示。

图 3-25　Fluent 启动界面及设置

2. 读入并检查网格

（1）导入网格，如图3-26所示。

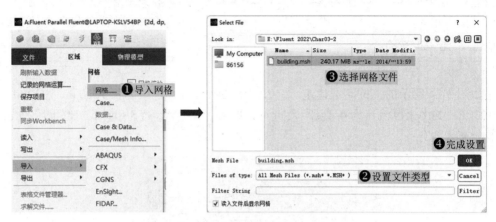

图3-26　导入网格

（2）进行网格信息查看及网格质量检查，如图3-27所示。

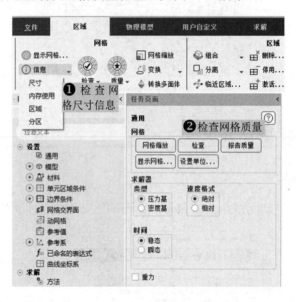

图3-27　网格检查

 查看最小体积和最小面积是否为负数，如出现负数就说明网格有错误，需重新调整并划分网格。

3. 求解器参数设置

（1）进行通用设置，如图3-28所示。

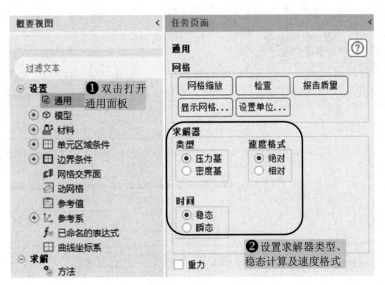

图 3-28 通用设置

（2）进行粘性模型设置，如图 3-29 所示。

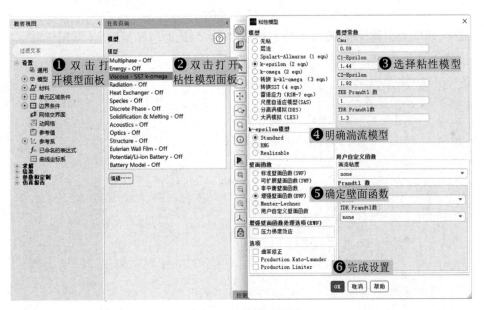

图 3-29 粘性模型设置

 因为本算例只涉及流动问题，所以其他诸如能量模型等不需选择。

4．定义材料物性

进行材料设置，如图 3-30 所示。

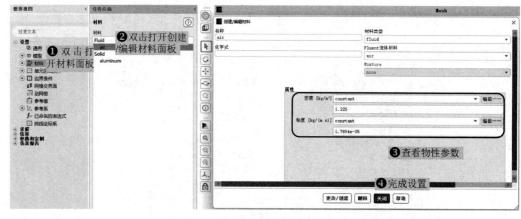

图 3-30 材料设置

  Fluent 中默认的流体材料为空气,所以本例无须修改。

5. 设置边界条件

在室外风环境模拟中,来流按风廓线分布,即不同高度的来流速度呈如下指数分布:

$$u = U_{10}(z/10)^{\alpha}$$

式中,U_{10} 为距离地面 10 m 高的来流速度,α 为地面粗糙系数,本案例选取 $\alpha = 0.3$。

按照上述公式,编写 UDF 文件如下:

```
#include "udf.h"
#define U10 4.0
/* profile for velocity */
DEFINE_PROFILE(velocity,t,i)
{
  real y, x[ND_ND];  /* variable declarations */
  face_t f;
  begin_f_loop(f,t)
   {
     F_CENTROID(x,f,t);
     y = x[1];
     F_PROFILE(f,t,i) = U10*pow(y/10.0,0.3);
   }
  end_f_loop(f,t)
}
```

(1) 进行 UDF 文件导入设置,如图 3-31 示。
(2) 进行边界条件类型修改,如图 3-32 所示。

图 3-31　UDF 文件导入设置

图 3-32　边界条件类型修改设置

参照上述设置，将 n:017、w、w:016 等修改为速度入口。

（3）进行速度入口边界条件设置，如图 3-33 所示。

图 3-33 速度入口边界条件设置

（4）将 n 边界的参数设置复制给 n:017、w、w:016 边界，如图 3-34 所示。

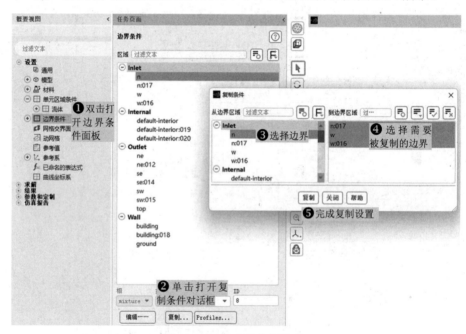

图 3-34 边界条件复制设置

（5）压力出口边界保持默认设置，不需要进行操作。

3.2.3 求解计算设置

1. 求解控制参数

进行求解方法参数设置，如图 3-35 所示。

第 3 章　流体流动数值模拟

图 3-35　求解方法参数设置

 求解方法参数的设置主要是对连续方程、动力方程、能量方程的具体求解方式，以及节点的离散方法进行设置。

2．设置亚松弛因子

进行亚松弛因子设置，如图 3-36 所示。

图 3-36　亚松弛因子设置

3. 设置收敛临界值

进行收敛残差值设置，如图 3-37 所示。

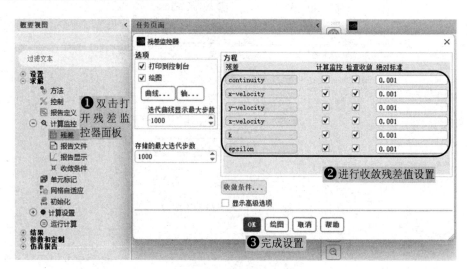

图 3-37　收敛残差值设置

4. 设置流场初始化

进行流场初始化设置，如图 3-38 所示。

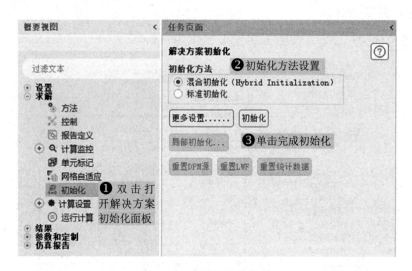

图 3-38　流场初始化设置

5. 迭代计算

进行运行计算设置，如图 3-39 所示。

计算得到残差曲线如图 3-40 所示。

第 3 章 流体流动数值模拟

图 3-39　运行计算设置

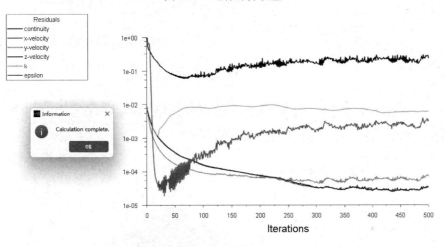

图 3-40　残差曲线

3.2.4　计算结果后处理及分析

1．创建分析截面

分析截面设置，如图 3-41 所示。

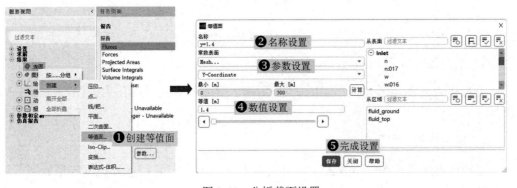

图 3-41　分析截面设置

Note

2. 速度云图显示

进行速度云图显示设置，如图 3-42 所示。

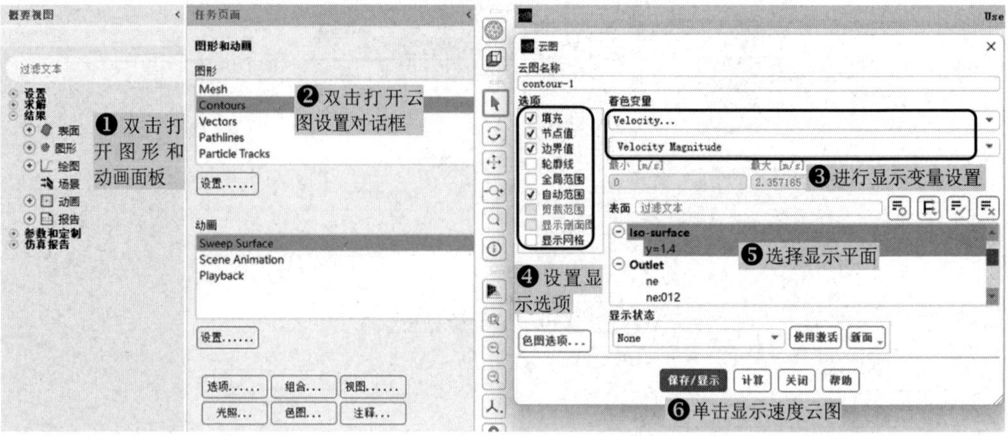

图 3-42　速度云图显示设置

提示　在选项中不选择全局范围，则显示速度范围为当前截面内的速度最大及最小值。

显示的速度云图如图 3-43 所示。

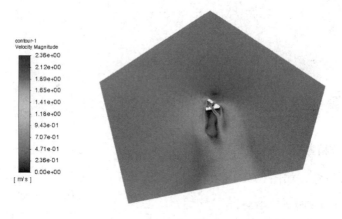

图 3-43　速度云图

3. 压力云图显示

进行压力云图显示设置，如图 3-44 所示。显示计算区域的压力云图，如图 3-45 所示。

4. 速度矢量云图显示

进行速度矢量云图显示设置，如图 3-46 所示。显示计算区域的速度矢量云图，如图 3-47 所示。

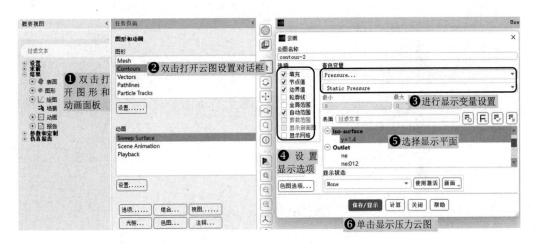

图 3-44　压力云图显示设置

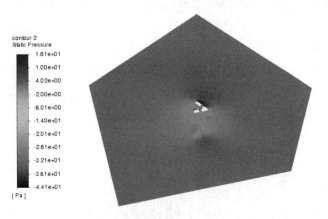

图 3-45　压力云图

图 3-46　速度矢量云图显示设置

图 3-47　速度矢量云图

3.3　风力涡轮机运动过程模拟分析

3.3.1　案例简介

用 Fluent 分析如图 3-48 所示的风力涡轮机运动过程中扇叶周边的流场情况。

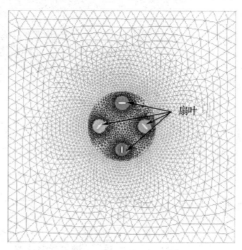

图 3-48　案例模型

3.3.2　Fluent 求解计算设置

1. 启动Fluent-2D

在 Workbench 平台启动 Fluent，Fluent 启动界面及设置如图 3-49 所示。

2. 读入并检查网格

（1）导入网格，如图 3-50 所示。

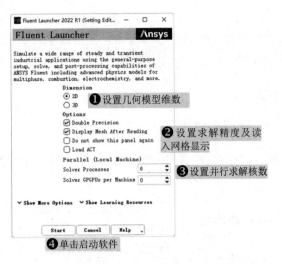

图 3-49　Fluent 启动界面及设置

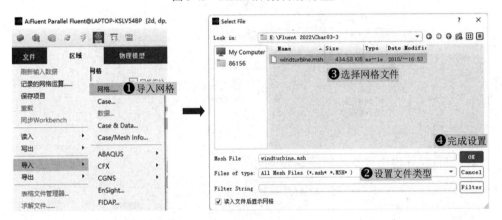

图 3-50　导入网格

（2）进行网格信息查看及网格质量检查，如图 3-51 所示。

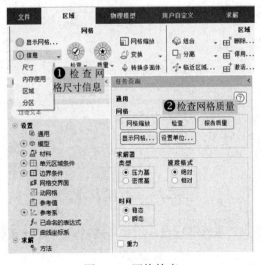

图 3-51　网格检查

查看最小体积和最小面积是否为负数,如出现负数就说明网格有错误,需重新调整并划分网格。

3. 求解器参数设置

(1) 进行通用设置,如图 3-52 所示。

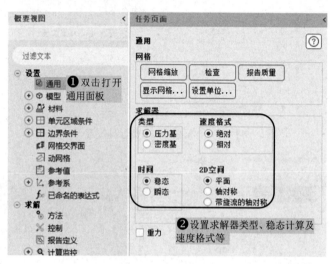

图 3-52 通用设置

(2) 进行粘性模型设置,如图 3-53 所示。

图 3-53 粘性模型设置

 因为本算例只涉及流动问题,所以其他诸如能量模型等不需选择。

4. 定义材料物性

进行材料设置，如图 3-54 所示。

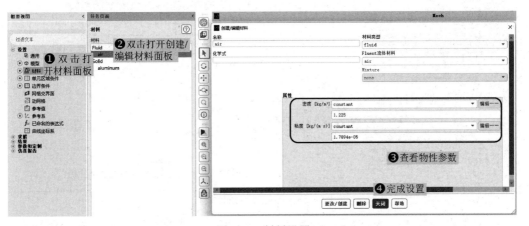

图 3-54　材料设置

 Fluent 中默认的流体材料为空气，所以本例无须修改。

5. 设置边界条件

（1）进行速度入口边界条件设置，如图 3-55 所示。

图 3-55　速度入口边界条件设置

（2）进行出口边界条件设置，如图 3-56 所示。

（3）进行 wall-blade-xneg 壁面边界条件设置，如图 3-57 所示。

（4）将 wall-blade-xneg 边界的参数设置复制给 wall-blade-xpos、wall-blade-ypos 和 wall-blade-yneg 边界，如图 3-58 所示。

图 3-56　出口边界条件设置

图 3-57　壁面边界条件设置

图 3-58　边界条件复制设置

6. 设置分界面

风力涡轮机旋转涉及 interface 交界面，因此需要将对应的交界面进行匹配。

（1）int-hub-a 及 int-hub-b 匹配设置，如图 3-59 所示。

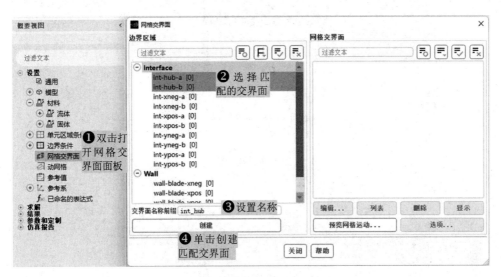

图 3-59　交界面匹配设置（一）

（2）int-xneg-a 及 int-xneg-b 匹配设置，如图 3-60 所示。

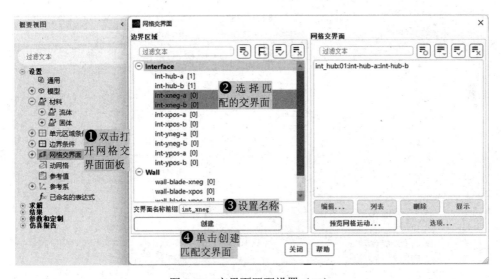

图 3-60　交界面匹配设置（二）

（3）int-xpos-a 及 int-xpos-b 匹配设置，如图 3-61 所示。
（4）int-yneq-a 及 int-yneq-b 匹配设置，如图 3-62 所示。
（5）int- ypos-a 及 int- ypos-b 匹配设置，如图 3-63 所示。

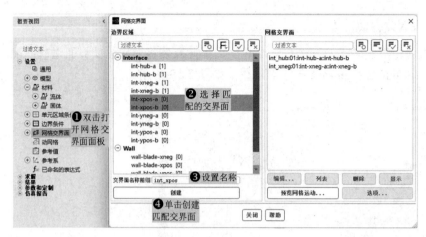

图 3-61　交界面匹配设置（三）

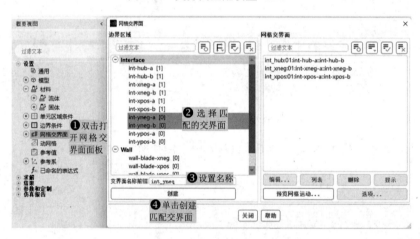

图 3-62　交界面匹配设置（四）

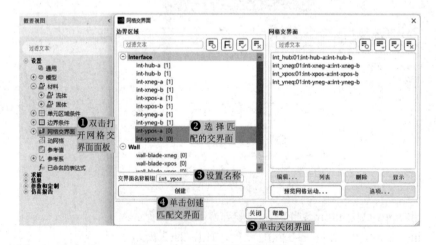

图 3-63　交界面匹配设置（五）

7．设置区域条件

风力涡轮机旋转涉及计算区域旋转，因此需要对计算区域进行旋转参数设置。

（1）fluid-rotating-core 单元区域旋转参数设置，如图 3-64 所示。

图 3-64　单元区域内材料设置（一）

（2）fluid-blade-xneg 单元区域旋转参数设置，如图 3-65 所示。

图 3-65　单元区域内材料设置（二）

（3）fluid-blade-xpos 单元区域旋转参数设置，如图 3-66 所示。

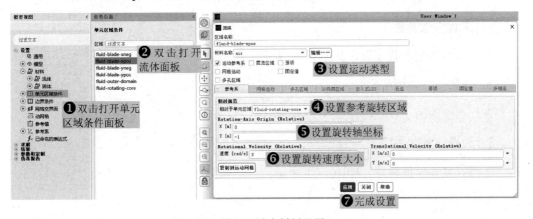

图 3-66　单元区域内材料设置（三）

（4）fluid-blade-yneg 单元区域旋转参数设置，如图 3-67 所示。

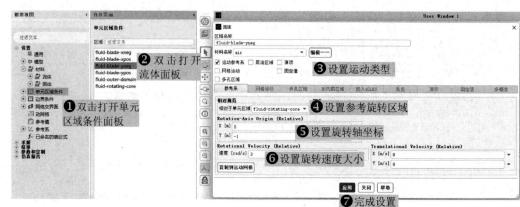

图 3-67　单元区域内材料设置（四）

（5）fluid-blade-ypos 单元区域旋转参数设置，如图 3-68 所示。

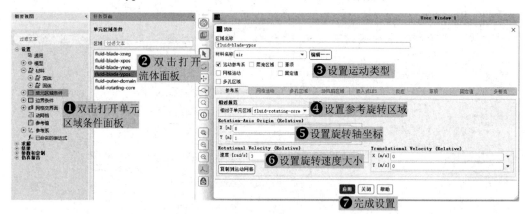

图 3-68　单元区域内材料设置（五）

3.3.3　求解计算设置

1．求解方法参数

进行求解方法参数设置，如图 3-69 所示。

2．设置亚松弛因子

进行亚松弛因子设置，如图 3-70 所示。

3．设置收敛临界值

进行收敛残差值设置，如图 3-71 所示。

图 3-69　求解方法参数设置

图 3-70　亚松弛因子设置

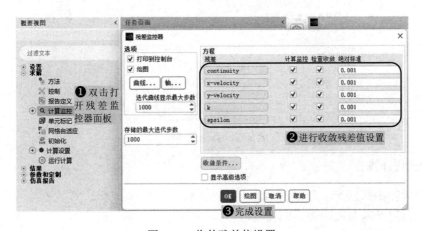

图 3-71　收敛残差值设置

4．设置流场初始化

进行流场初始化设置，如图 3-72 所示。

图 3-72　流场初始化设置

5．自动保存设置

计算过程需要设置自动保存计算结果，设置如图 3-73 所示。

图 3-73　自动保存设置

6．迭代计算

进行运行计算设置，如图 3-74 所示。

计算得到残差曲线如图 3-75 所示。

图 3-74　运行计算设置

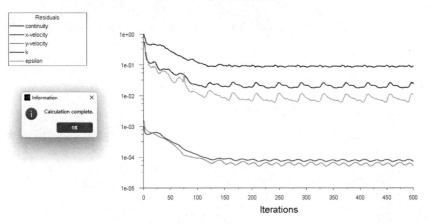

图 3-75　残差曲线

3.3.4　计算结果后处理及分析

1．压力云图显示

进行压力云图显示设置，如图 3-76 所示。显示计算区域的压力云图，如图 3-77 所示。

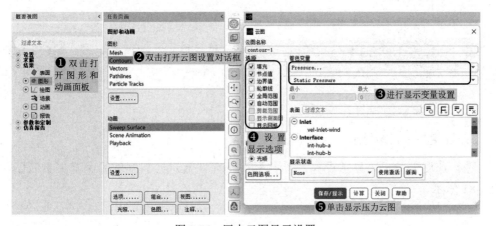

图 3-76　压力云图显示设置

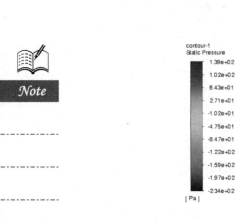

图 3-77 压力云图

2．速度云图显示

进行速度云图显示设置，如图 3-78 所示。

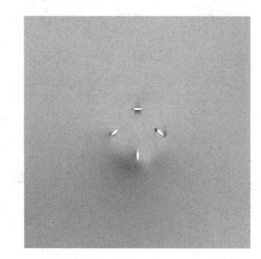

图 3-78 速度云图显示设置

在选项中不选择全局范围，则显示速度范围为当前截面内的速度最大和最小值。

显示的速度云图如图 3-79 所示。

3．速度矢量云图显示

进行速度矢量云图显示设置，如图 3-80 所示。显示计算区域的速度矢量云图，如图 3-81 所示。

第 3 章 流体流动数值模拟

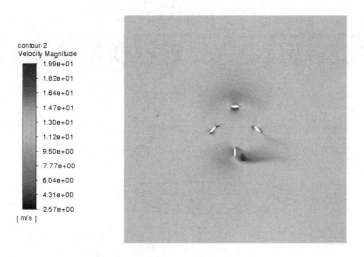

图 3-79 速度云图

图 3-80 速度矢量云图显示设置

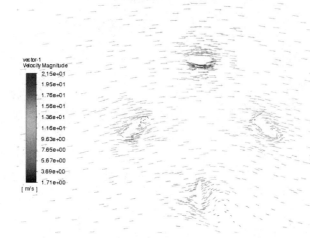

图 3-81 速度矢量云图

3.4 机翼超音速飞行过程模拟分析

3.4.1 案例简介

如图 3-82 所示,机翼周围边界马赫数为 0.8,请用 ANSYS Fluent 分析机翼外流场情况。

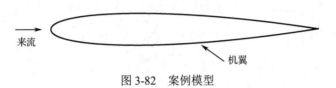

图 3-82 案例模型

3.4.2 Fluent 求解计算设置

1. 启动 Fluent-2D

在 Workbench 平台启动 Fluent,Fluent 启动界面及设置如图 3-83 所示。

图 3-83 Fluent 启动界面及设置

2. 读入并检查网格

(1) 导入网格,如图 3-84 所示。

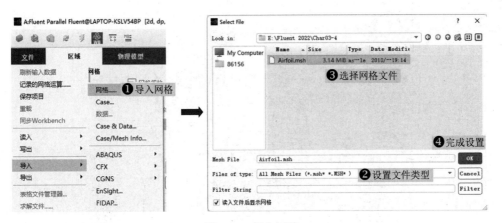

图 3-84　导入网格

（2）进行网格信息查看及网格质量检查，如图 3-85 所示。

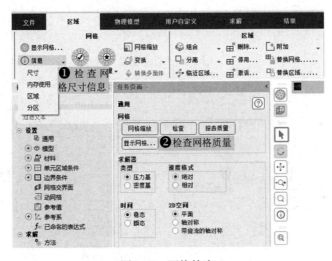

图 3-85　网格检查

 查看最小体积和最小面积是否为负数，如出现负数就说明网格有错误，需重新调整并划分网格。

（3）对网格矩阵进行重新排列，加快运算速度，在文本信息框中输入"mesh/reorder/reorder-domain"命令，并在键盘上单击 Enter 键确认，如图 3-86 所示。

```
控制台
> mesh/reorder/reorder-domain
>> Reordering domain using Reverse Cuthill-McKee method:
   zones, cells, faces, done.
   Bandwidth reduction = 87/87 = 1.00
   Done.
>
```

图 3-86　对网格矩阵进行排列设置

3. 求解器参数设置

（1）进行通用设置，如图 3-87 所示。

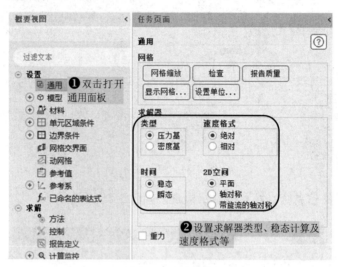

图 3-87　通用设置

（2）进行粘性模型设置，如图 3-88 所示。

图 3-88　粘性模型设置

 因为本算例只涉及流动问题，所以其他诸如能量模型等不需选择。

4．定义材料物性

进行空气材料物性参数设置，如图 3-89 所示。

 由于空气密度改为理想气体，能量方程自动打开。

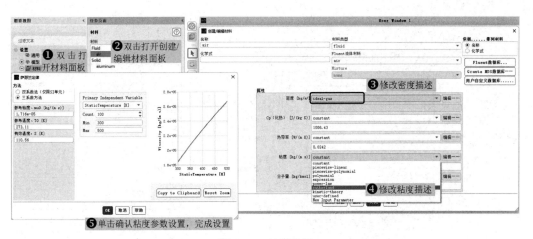

图 3-89　材料设置

5. 设置边界条件

进行压力远场边界条件设置，如图 3-90 所示。

图 3-90　压力远场边界条件设置

3.4.3　求解计算设置

1. 求解方法参数

进行求解方法参数设置，如图 3-91 所示。

2. 设置亚松弛因子

进行亚松弛因子设置，如图 3-92 所示。

3. 设置收敛临界值

进行收敛残差值设置，如图 3-93 所示。

图 3-91 求解方法参数设置　　　　图 3-92 亚松弛因子设置

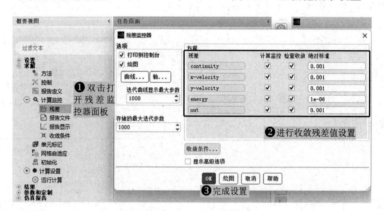

图 3-93 收敛残差值设置

4．设置流场初始化

进行流场初始化设置，如图 3-94 所示。

图 3-94 流场初始化设置

5. 迭代计算

进行运行计算设置，如图 3-95 所示。

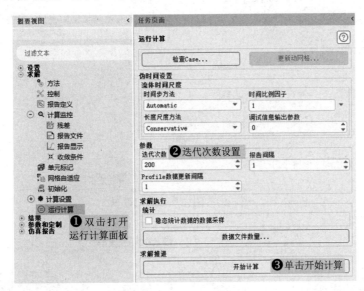

图 3-95　运行计算设置

注：本步为第一次迭代计算，后续修改参考值后，需要重新计算。

6. 修改参考值

进行计算参考值设置，如图 3-96 所示。

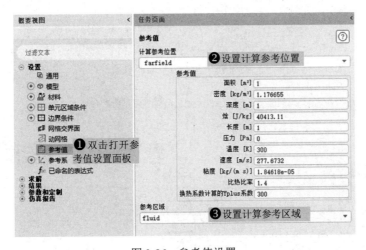

图 3-96　参考值设置

7. 变量监测设置

（1）进行阻力系数监测设置，如图 3-97 所示。
（2）进行升力系数监测设置，如图 3-98 所示。
（3）进行力矩系数监测设置，如图 3-99 所示。

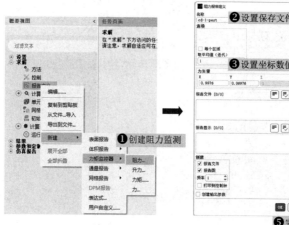

图 3-97 阻力系数监测设置

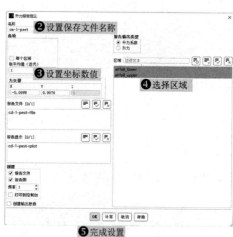

图 3-98 升力系数监测设置

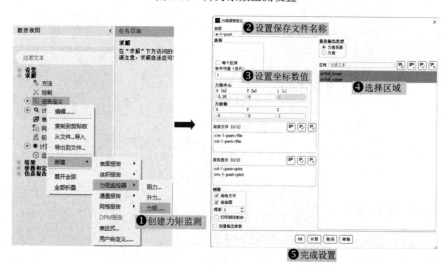

图 3-99 力矩系数监测设置

8. 迭代计算

（1）进行运行计算设置，如图 3-100 所示。

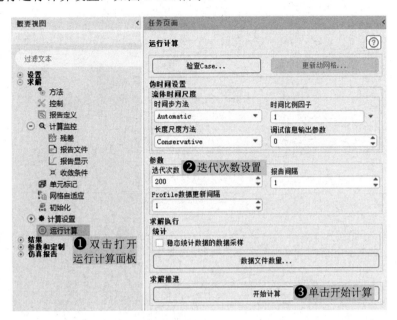

图 3-100　运行计算设置

（2）计算得到残差曲线如图 3-101 所示。

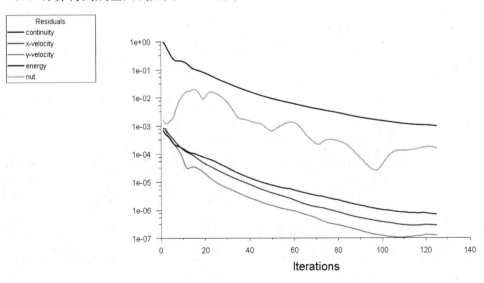

图 3-101　残差曲线

（3）阻力系数曲线如图 3-102 所示。
（4）升力系数曲线如图 3-103 所示。

图 3-102　阻力系数曲线

图 3-103　升力系数曲线

3.4.4　求解结果后处理及分析

1. 压力云图显示

进行压力云图显示设置，如图 3-104 所示。显示计算区域的压力云图，如图 3-105 所示。

图 3-104　压力云图显示设置

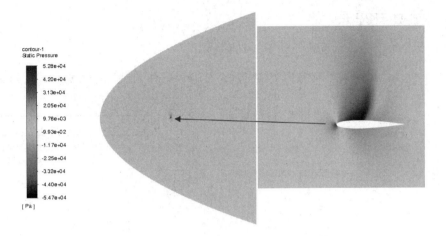

图 3-105 压力云图

2. 速度云图显示

进行速度云图显示设置,如图 3-106 所示。

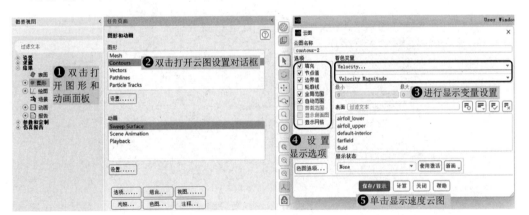

图 3-106 速度云图显示设置

显示的速度云图如图 3-107 所示。

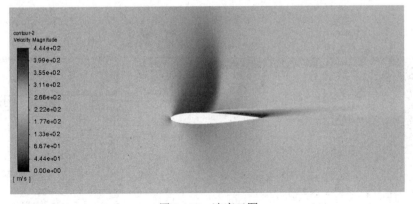

图 3-107 速度云图

3. 马赫数云图显示

进行马赫数云图显示设置，如图 3-108 所示。

图 3-108　马赫数云图显示设置

显示的马赫数云图如图 3-109 所示。

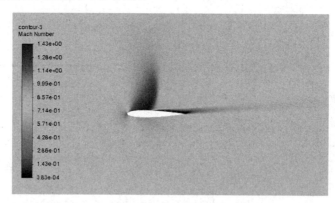

图 3-109　马赫数云图

4. 速度矢量云图显示

进行速度矢量云图显示设置，如图 3-110 所示。

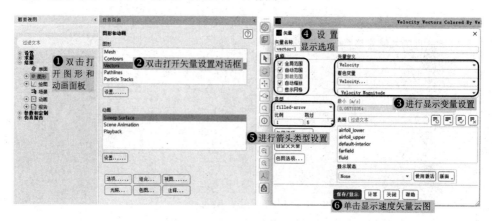

图 3-110　速度矢量云图显示设置

显示的速度矢量云图如图 3-111 所示。

图 3-111 速度矢量云图

5. 壁面Yplus曲线图绘制

进行壁面 Yplus 曲线显示设置，如图 3-112 所示。

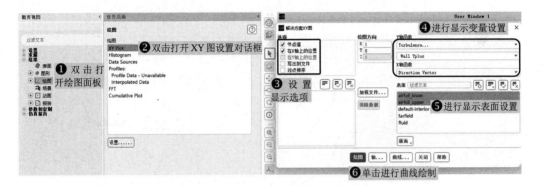

图 3-112 壁面 Yplus 曲线显示设置

显示的壁面 Yplus 曲线如图 3-113 所示。

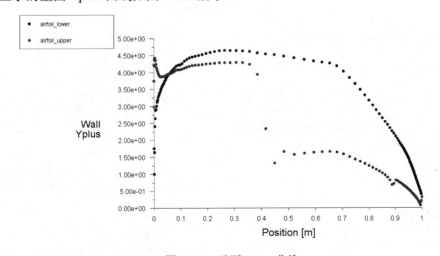

图 3-113 壁面 Yplus 曲线

6. 壁面压力系数曲线图绘制

进行壁面压力系数曲线显示设置，如图 3-114 所示。

图 3-114　壁面压力系数曲线显示设置

显示的壁面压力系数曲线如图 3-115 所示。

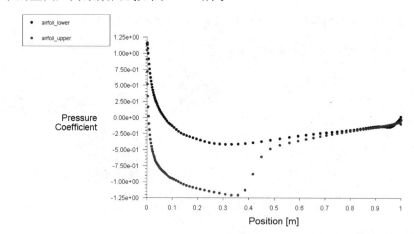

图 3-115　壁面压力系数曲线

7. Wall Shear Stress 曲线图绘制

进行 Wall Shear Stress 曲线显示设置，如图 3-116 所示。

图 3-116　Wall Shear Stress 曲线显示设置

显示的 Wall Shear Stress 曲线如图 3-117 所示。

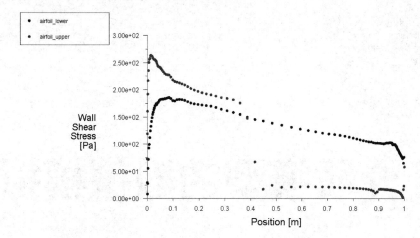

图 3-117　Wall Shear Stress 曲线

3.5　本章小结

本章通过四个流体流动问题的算例，湍流模型涉及层流及湍流，并对求解过程的设置以及结果后处理分析进行了详细说明。通过本章的学习，读者可以掌握流体流动问题的建模、求解设置，以及结果后处理等相关知识。

第 4 章

多孔介质模型的数值模拟

多孔介质是指内部含有众多空隙的固体材料,如土壤、煤炭、木材等均属于不同类型的多孔介质。多孔材料是由相互贯通或封闭的孔洞构成的网络结构,孔洞的边界或表面由支柱或平板构成。孔道纵横交错、互相贯通的多孔体,通常具有30%~60%体积的孔隙度,孔径1 μm~100 μm。典型的孔结构如下:

(1)由大量多边形孔在平面上聚集形成的二维结构。

(2)由于其形状类似于蜂房的六边形结构而被称为"蜂窝"材料。

(3)更为普遍的是由大量多面体形状的孔洞在空间聚集形成的三维结构,通常称为"泡沫"材料。

Fluent 多孔介质模型就是在定义为多孔介质的区域结合了一个根据经验假设为主的流动阻力。本质上,多孔介质模型仅仅是在动量方程上叠加了一个动量源项。多孔介质的动量方程具有附加的动量源项。动量源项由两部分组成,一部分是黏性损失项,另一部分是内部损失项。多孔介质模型主要设置两个阻力系数,即黏性阻力系数和内部阻力系数,且在主流方向和非主流方向相差不超过 1000 倍。

本章利用 Fluent 多孔介质模型对三维多孔介质内部流动传热过程进行数值模拟,使读者能够掌握多孔介质模型的应用。

> **学习目标**
> - 学会使用多孔介质模型;
> - 掌握多孔介质内流动与传热问题边界条件的设置方法;
> - 掌握多孔介质内流动与传热问题计算结果的后处理及分析方法。

4.1 三维多孔介质内部流动过程模拟分析

4.1.1 案例简介

本案例利用 Fluent 软件自带的多孔介质模型，对三维多孔介质内部流动进行数值模拟，换热本体如图 4-1 所示。图 4-1（a）为计算区域的整体图，整个计算区域是直径为 50 mm、高为 100 mm 的圆柱。图 4-1（b）为内部的两个多孔介质圆柱，其直径为 20 mm，高为 80 mm，空气从柱体下方进入，从上方流出。通过对此案例进行数值模拟，得到空气流通过双圆柱的流场，分析双多孔介质圆柱对气流的影响。

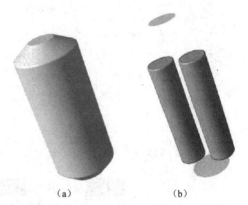

图 4-1 物理模型简图

4.1.2 Fluent 求解计算设置

1. 启动Fluent-3D

在 Workbench 平台启动 Fluent，Fluent 启动界面及设置如图 4-2 所示。

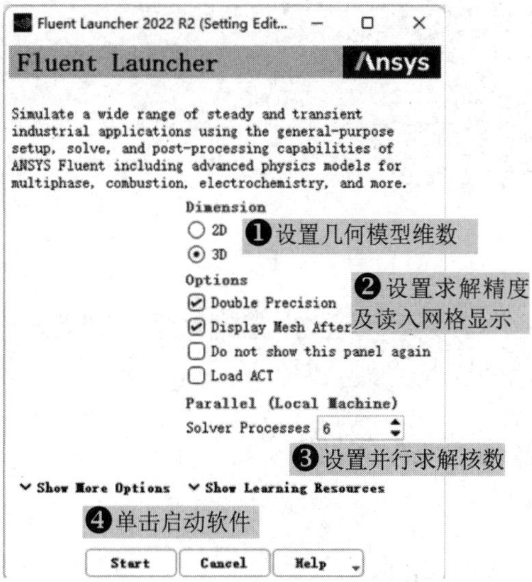

图 4-2 Fluent 启动界面及设置

2. 读入并检查网格

（1）导入网格，如图 4-3 所示。

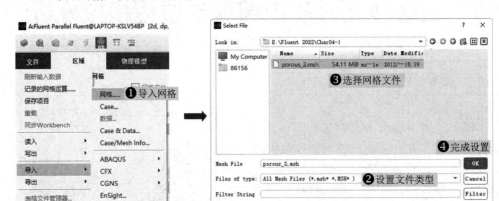

图 4-3　导入网格

（2）进行网格信息查看及网格质量检查，如图 4-4 所示。

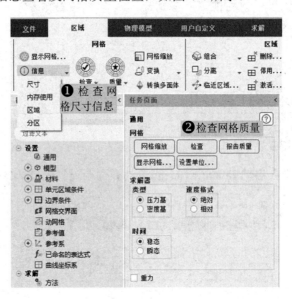

图 4-4　网格检查

 查看最小体积和最小面积是否为负数，如出现负数就说明网格有错误，需重新调整并划分网格。

（3）进行网格尺寸修改，如图 4-5 所示。

3. 求解器参数设置

（1）进行通用设置，如图 4-6 所示。

图 4-5 网格尺寸修改

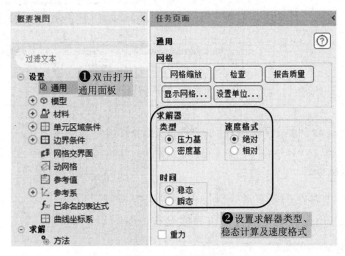

图 4-6 通用设置

（2）进行粘性模型设置，如图 4-7 所示。

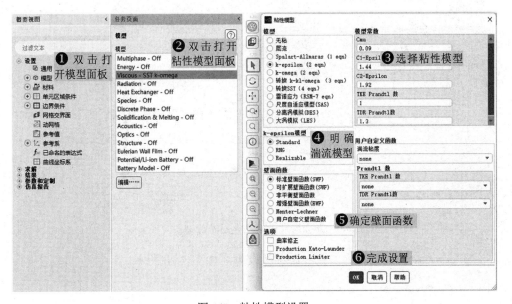

图 4-7 粘性模型设置

4. 定义材料物性

进行材料设置，如图 4-8 所示。

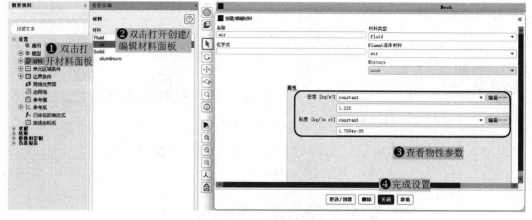

图 4-8 材料设置

> Fluent 中的默认流体材料为空气，所以本例无须修改。

5. 设置区域条件

多孔介质模型参数需要在单元区域条件里进行设置。

（1）porous1 单元区域内多孔介质参数设置，如图 4-9 所示。

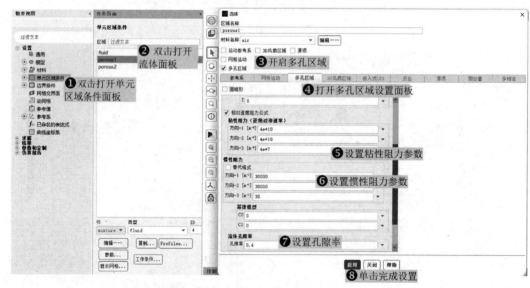

图 4-9 单元区域内多孔介质参数设置（一）

（2）porous2 单元区域内多孔介质参数设置，如图 4-10 所示。

第 4 章 多孔介质模型的数值模拟

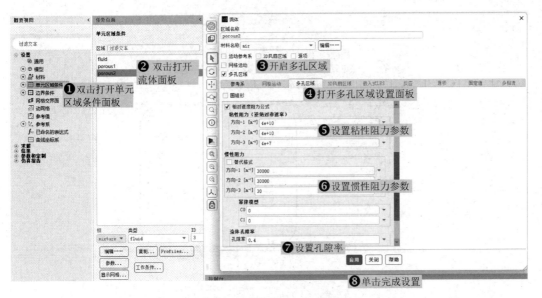

图 4-10 单元区域内多孔介质参数设置（二）

6. 设置边界条件

（1）进行速度入口边界条件设置，如图 4-11 所示。

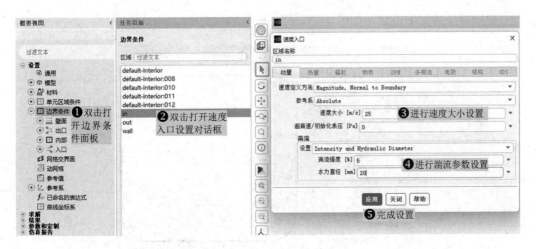

图 4-11 速度入口边界条件设置

（2）其他边界条件保持默认设置。

4.1.3 求解计算

1. 求解方法参数

进行求解方法参数设置，如图 4-12 所示。

图 4-12 求解方法参数设置

2．设置亚松弛因子

进行亚松弛因子设置，如图 4-13 所示。

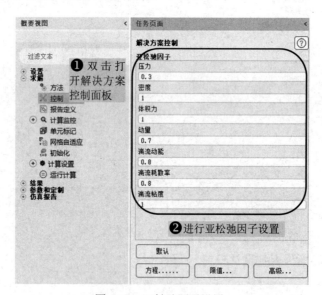

图 4-13 亚松弛因子设置

3．设置收敛临界值

进行收敛残差值设置，如图 4-14 所示。

第 4 章　多孔介质模型的数值模拟

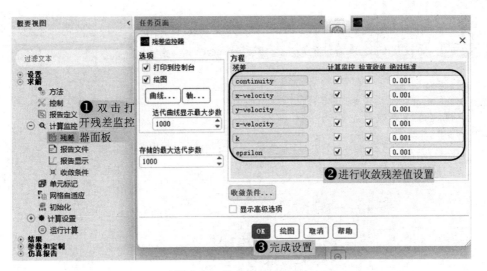

图 4-14　收敛残差值设置

 在设定的迭代次数内，只有当残差小于设置值时才终止计算。

4．设置流场初始化

进行流场初始化设置，如图 4-15 所示。

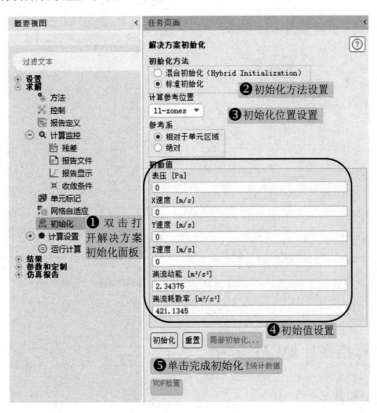

图 4-15　流场初始化设置

在开始迭代计算之前,用户必须为 Fluent 程序提供一个初始值,也就是把前面设定的边界条件的数值加载给 Fluent。

5. 迭代计算

进行运行计算设置,如图 4-16 所示。

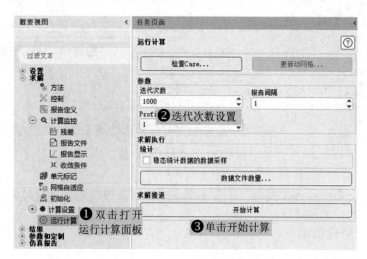

图 4-16 运行计算设置

计算得到残差曲线如图 4-17 所示。

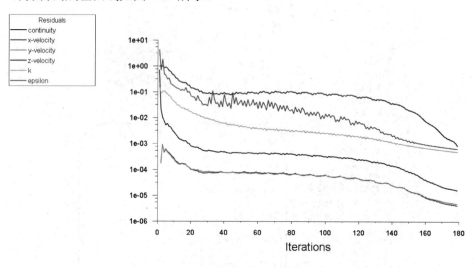

图 4-17 残差曲线

4.1.4 计算结果后处理及分析

1. 创建分析截面

(1)创建分析截面 y=0,如图 4-18 所示。

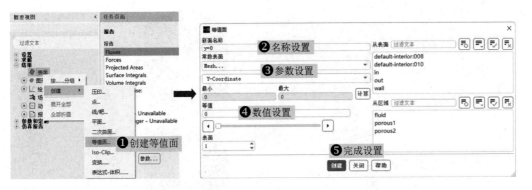

图 4-18 y=0 分析截面设置

(2) 创建分析截面 z=0，如图 4-19 所示。

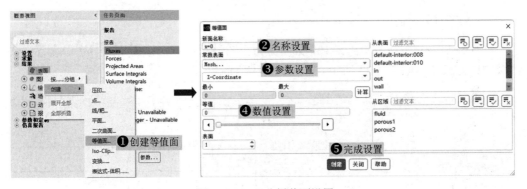

图 4-19 z=0 分析截面设置

(3) 参照步骤（2），依次创建 z=40、z=80 和 z=100 三个截面。

2．y=0 截面压力云图显示

进行 y=0 截面压力云图显示设置，如图 4-20 所示。显示计算区域的压力云图，如图 4-21 所示。

图 4-20 压力云图显示设置

图 4-21　压力云图

3．z=0 等截面压力云图显示

进行 z=0、z=40、z=80 及 z=100 截面压力云图显示设置，如图 4-22 所示。显示计算区域的压力云图，如图 4-23 所示。

图 4-22　压力云图显示设置

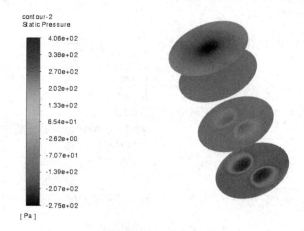

图 4-23　压力云图

在选项中不选择全局范围,则显示压力范围为当前截面内的压力最大及最小值。

4. y=0截面速度云图显示

进行速度云图显示设置,如图 4-24 所示。

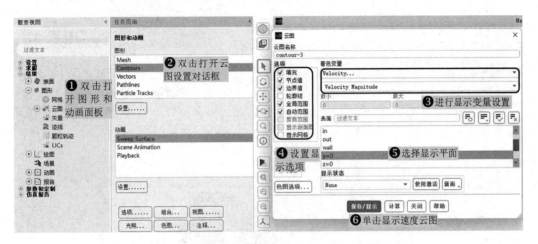

图 4-24 y=0 截面速度云图显示设置

显示的速度云图如图 4-25 所示。

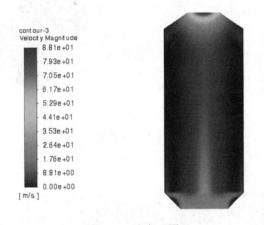

图 4-25 速度云图

5. z=0等截面速度云图显示

进行速度云图显示设置,如图 4-26 所示。

图 4-26 z=0 等截面速度云图显示设置

显示的速度云图如图 4-27 所示。

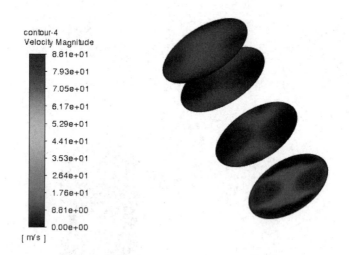

图 4-27 速度云图

4.2 烧结矿内部流动换热过程模拟分析

4.2.1 案例简介

本案例利用 Fluent 软件对烧结矿气固换热过程进行数值模拟，几何模型如图 4-28 所示。进口管道直径为 159 mm，烧结矿区域直径为 500 mm，高为 1500 mm，内部矿层厚度最低为 1000 mm，最高不超过 1400 mm。冷风从进口管路进入换热本体，流过高温烧结矿多孔介质区域并与之换热，高温热风从出口流出。

第 4 章　多孔介质模型的数值模拟

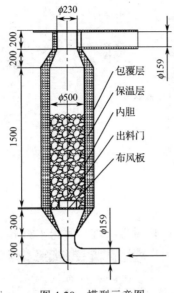

图 4-28　模型示意图

4.2.2　Fluent 求解计算设置

1．启动 Fluent-2D

在 Workbench 平台启动 Fluent，Fluent 启动界面及设置如图 4-29 所示。

图 4-29　Fluent 启动界面及设置

2．读入并检查网格

（1）导入网格，如图 4-30 所示。

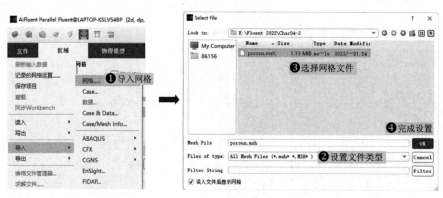

图 4-30　导入网格

(2) 进行网格信息查看及网格质量检查，如图 4-31 所示。

图 4-31　网格检查

 查看最小体积和最小面积是否为负数，如出现负数就说明网格有错误，需重新调整并划分网格。

3．求解器参数设置

(1) 进行通用设置，如图 4-32 所示。

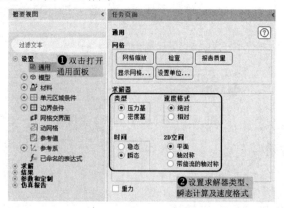

图 4-32　通用设置

（2）进行粘性模型设置，如图 4-33 所示。

图 4-33　粘性模型设置

（3）进行能量方程设置，如图 4-34 所示。

图 4-34　能量方程设置

4．定义材料物性

进行材料设置，如图 4-35 所示。

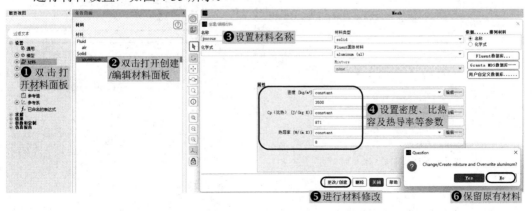

图 4-35　材料设置

5. 设置区域条件

sjk 区域内多孔介质参数设置如图 4-36 所示。

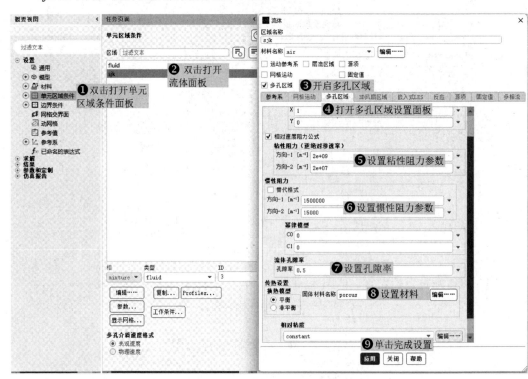

图 4-36　sjk 区域内多孔介质参数设置

6. 设置边界条件

（1）进行空气入口边界条件设置，如图 4-37 所示。

图 4-37　空气入口边界条件设置

（2）其他边界条件保持默认设置。

4.2.3 求解计算

1. 求解方法参数

进行求解方法参数设置，如图 4-38 所示。

图 4-38　求解方法参数设置

2. 设置亚松弛因子

进行亚松弛因子设置，如图 4-39 所示。

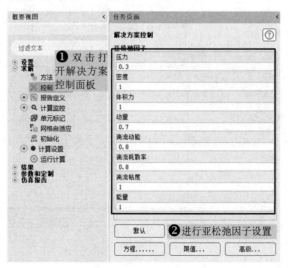

图 4-39　亚松弛因子设置

3. 设置收敛临界值

进行收敛残差值设置，如图 4-40 所示。

图 4-40 收敛残差值设置

 在设定的迭代次数内，只有当残差小于设置值时才终止计算。

4. 设置流场初始化

（1）进行流场初始化设置，如图 4-41 所示。

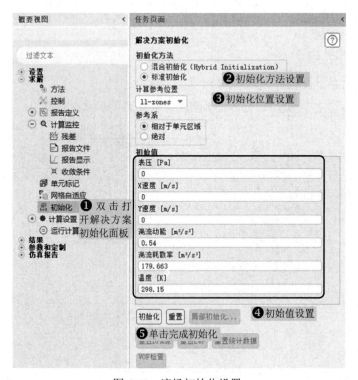

图 4-41 流场初始化设置

在开始迭代计算之前,用户必须为 Fluent 程序提供一个初始值,也就是把前面设定的边界条件的数值加载给 Fluent。

(2)在(1)的设置对话框中,进行初始化修补设置,如图 4-42 所示。

图 4-42 初始化修补设置

5．自动保存设置

计算过程需要设置自动保存计算结果,设置如图 4-43 所示。

图 4-43 自动保存设置

6．动画设置

进行动画设置,如图 4-44 所示。

7．迭代计算

进行运行计算设置,如图 4-45 所示。

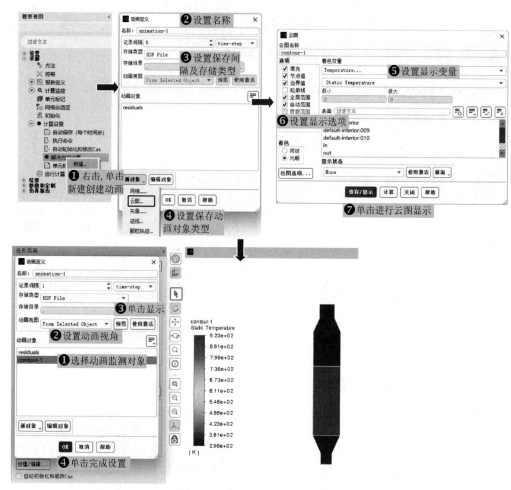

图 4-44　动画设置

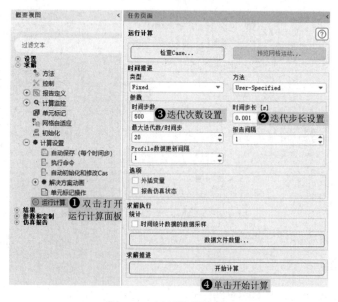

图 4-45　运行计算设置

如需要考虑更短时间步长内温度的变化情况,可以将"时间步长"修改为 0.0001,迭代次数增加即可。

计算得到残差曲线如图 4-46 所示。

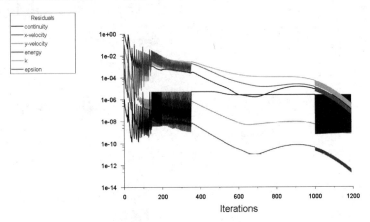

图 4-46　残差曲线

4.2.4　计算结果后处理及分析

1. 显示及保存动画

进行动画显示设置,如图 4-47 所示。

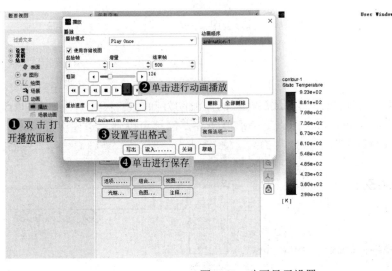

图 4-47　动画显示设置

2. 速度云图显示

进行速度云图显示设置,如图 4-48 所示,显示计算区域的速度云图,如图 4-49 所示。由速度云图可看出,在进口和出口区域空气流速较大,在中间烧结矿区域流速最小。

图 4-48　速度云图显示设置

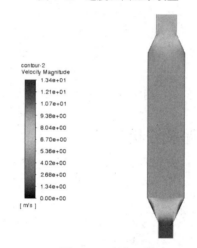

图 4-49　速度云图

3. 温度云图显示

进行温度云图显示设置，如图 4-50 所示，显示计算区域的温度场，如图 4-51 所示，由温度云图可看出，烧结矿是自下而上逐层冷却的，流动方向温度梯度大，横向温度梯度几乎为 0，由于被冷却时间较短，所以下侧温度较高，后续可以延长迭代次数。

图 4-50　温度云图显示设置

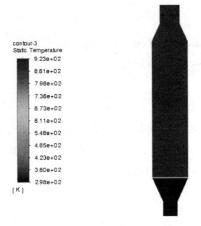

图 4-51　温度云图

4．压力云图显示

进行压力云图显示设置，如图 4-52 所示。显示计算区域的压力云图，如图 4-53 所示，下侧压力大，靠近出口压力低。

图 4-52　压力云图显示设置

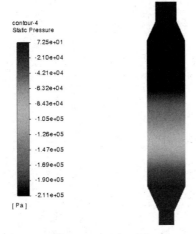

图 4-53　压力云图

4.3 本章小结

本章通过两个多孔介质问题的算例，对多孔介质模型的参数设置、求解过程的设置及结果后处理分析进行了详细说明。通过本章的学习，读者可以掌握多孔介质模型问题的建模、求解设置，以及结果后处理等相关知识。

第5章

多相流模型的数值模拟

物质一般具有气态、液态和固态三相,但是多相流系统中相的概念具有更为广泛的意义。在多相流动中,"相"可以定义为具有相同类别的物质,该类物质在所处的流动中具有特定的惯性响应并与流场相互作用。比如说,相同材料的固体物质颗粒如果具有不同尺寸,就可以把它们看成不同的相,因为相同尺寸粒子的集合对流场有相似的动力学响应。

本章主要介绍 Fluent 中的多相流模型,通过对 4 个算例的详细讲解,使读者能够掌握利用 Fluent 求解简单的多相流问题。

学习目标

- 掌握 VOF 模型的应用;
- 掌握欧拉模型的应用;
- 掌握 Mixture 模型的应用;
- 学会模型后处理的方法和结果分析。

5.1 大坝溃堤过程模拟分析

5.1.1 案例简介

用 ANSYS Fluent 分析模拟溃坝过程中自由表面流动情况，模型如图 5-1 所示。

图 5-1 模型示意图

5.1.2 Fluent 求解计算设置

1. 启动Fluent-2D

在 Workbench 平台启动 Fluent，Fluent 启动界面及设置如图 5-2 所示。

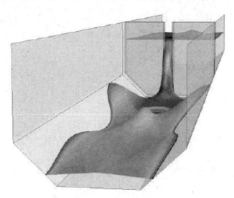

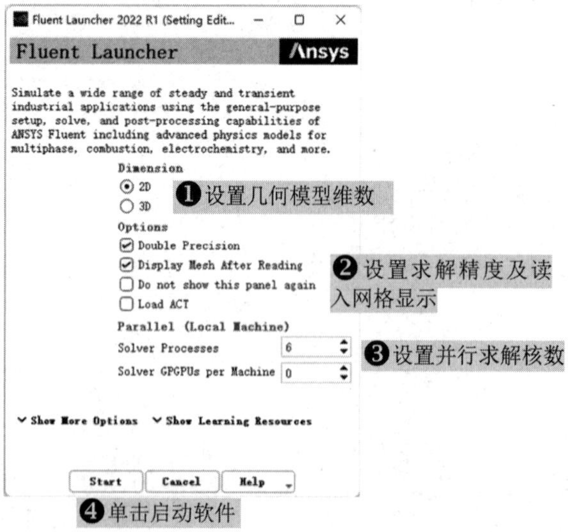

图 5-2 Fluent 启动界面及设置

2. 读入并检查网格

（1）导入网格，如图 5-3 所示。

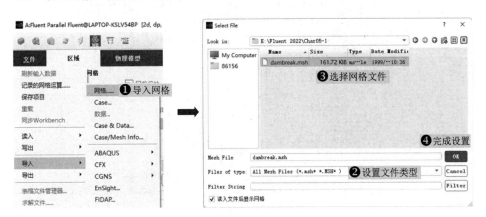

图 5-3　导入网格

（2）进行网格信息查看及网格质量检查，如图 5-4 所示。

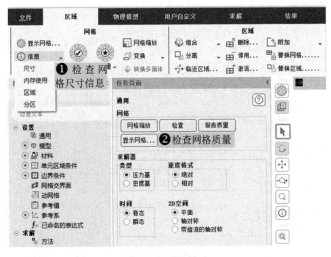

图 5-4　网格检查

查看最小体积和最小面积是否为负数，如出现负数就说明网格有错误，需重新调整并划分网格。

3. 求解器参数设置

（1）进行通用设置，如图 5-5 所示。
（2）进行操作压力设置，如图 5-6 所示。

因为本算例是考虑大坝溃堤，因此操作压力应位于水平面位置。

（3）进行粘性模型设置，如图 5-7 所示。

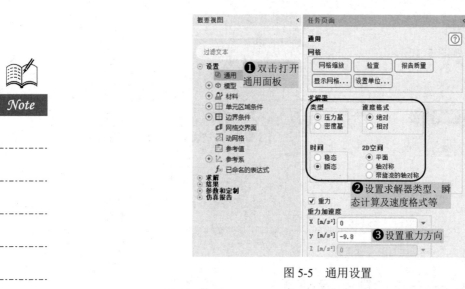

图 5-5 通用设置

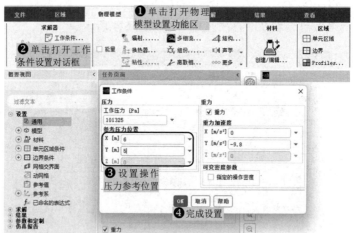

图 5-6 操作压力设置

图 5-7 粘性模型设置

4．定义材料物性

进行材料物性设置，如图 5-8 所示。

图 5-8　材料物性设置

 进行多相流设置，需要先进行添加材料，完成后再进行多相流设置。

5．多相流模型设置

（1）开启 VOF 多相流模型设置，如图 5-9 所示。

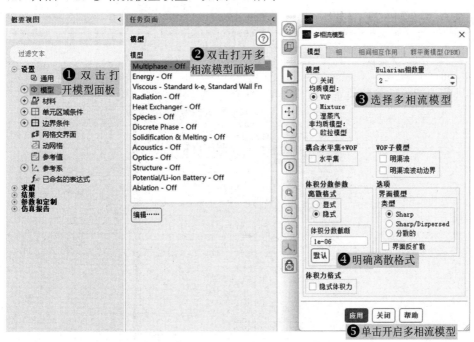

图 5-9　多相流模型设置

（2）在（1）的设置对话框中，进行 VOF 多相流材料及相间作用力设置，如图 5-10 所示。

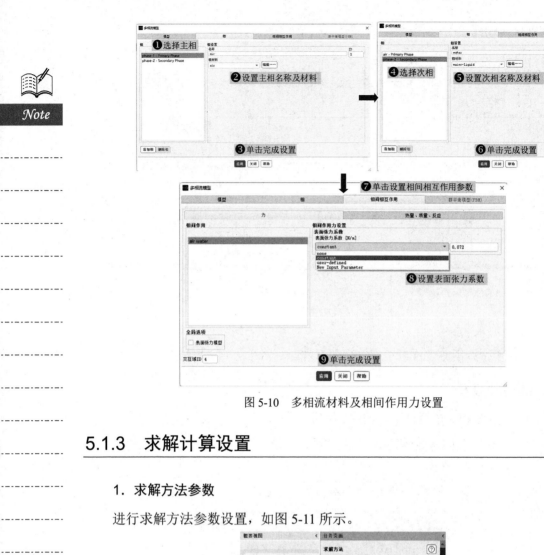

图 5-10　多相流材料及相间作用力设置

5.1.3　求解计算设置

1．求解方法参数

进行求解方法参数设置，如图 5-11 所示。

图 5-11　求解方法参数设置

2．设置亚松弛因子

进行亚松弛因子设置，如图 5-12 所示。

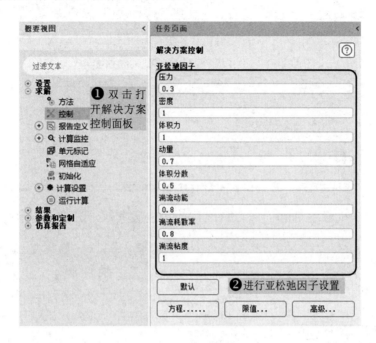

图 5-12　亚松弛因子设置

3．设置收敛临界值

进行收敛残差值设置，如图 5-13 所示。

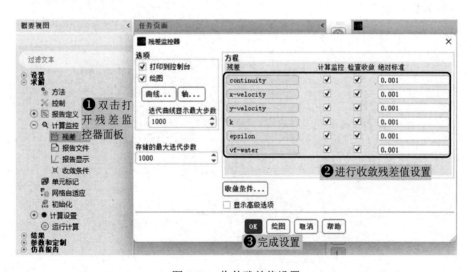

图 5-13　收敛残差值设置

4．设置流场初始化

（1）进行流场初始化设置，如图 5-14 所示。

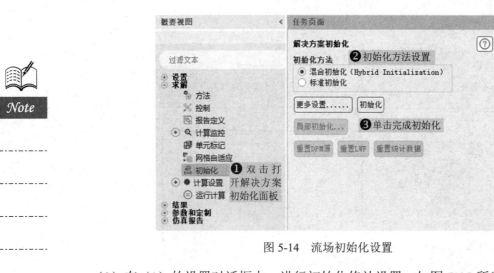

图 5-14 流场初始化设置

（2）在（1）的设置对话框中，进行初始化修补设置，如图 5-15 所示。

图 5-15 初始化修补设置

5．自动保存设置

计算过程需要设置自动保存计算结果，设置如图 5-16 所示。

图 5-16 自动保存设置

6. 动画设置

进行动画设置，如图 5-17 所示。

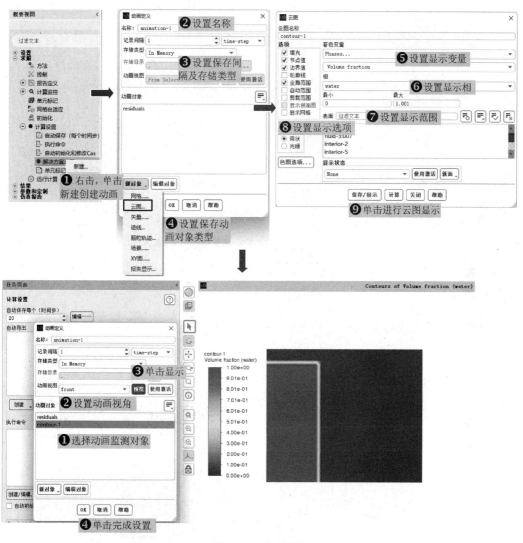

图 5-17 动画设置

7. 迭代计算

进行运行计算设置，如图 5-18 所示。

Note

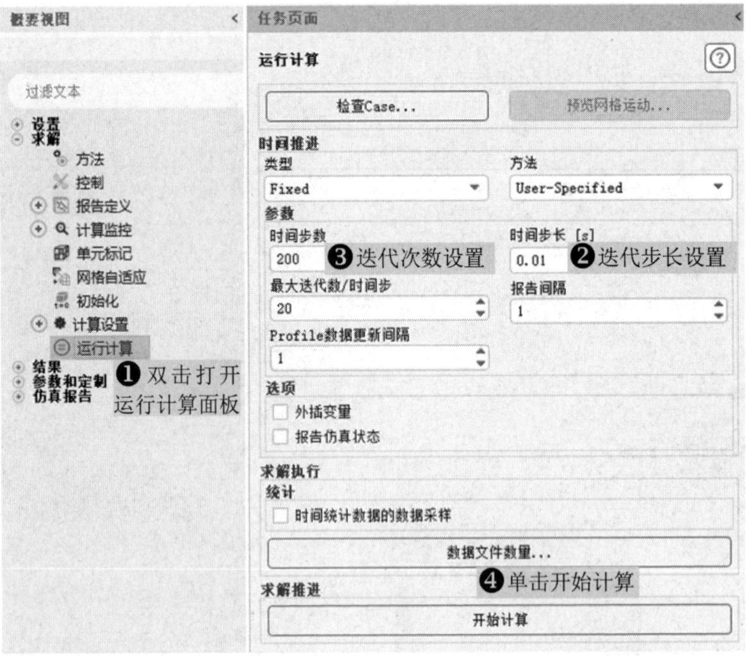

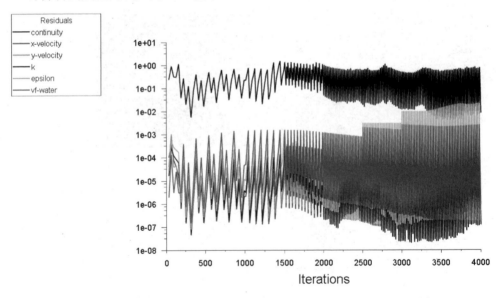

图 5-18　运行计算设置

计算得到残差曲线如图 5-19 所示。

图 5-19　残差曲线

5.1.4　计算结果后处理及分析

1．显示及保存动画

进行动画显示设置，如图 5-20 所示。

第 5 章 多相流模型的数值模拟

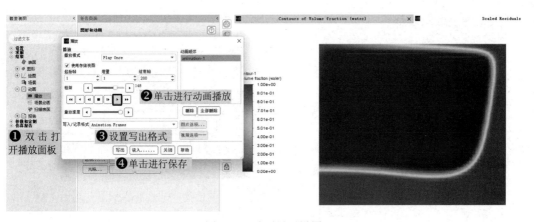

图 5-20 动画显示设置

2. 压力云图显示

进行压力云图显示设置，如图 5-21 所示。显示计算区域的压力云图，如图 5-22 所示。

图 5-21 压力云图显示设置

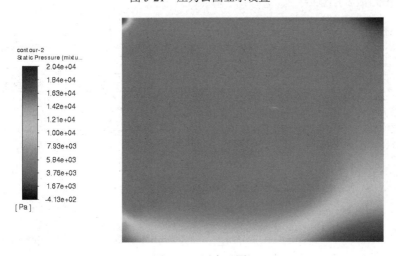

图 5-22 压力云图

3. 速度云图显示

进行速度云图显示设置，如图 5-23 所示。

图 5-23　速度云图显示设置

显示的速度云图如图 5-24 所示。

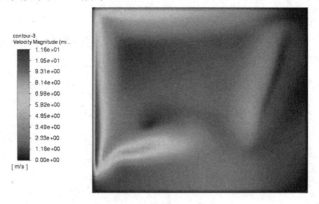

图 5-24　速度云图

4. 体积分数云图显示

进行体积分数云图显示设置，如图 5-25 所示。

图 5-25　体积分数云图显示设置

有时因为网格问题,导致显示范围需要设置比正常值略微偏大,属于正常状况。

显示的水体积分数云图如图 5-26 所示。

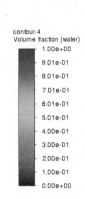

图 5-26 水体积分数云图

5.2 水流对沙滩冲刷过程的数值模拟

5.2.1 案例简介

本案例对水流冲刷沙滩过程的气固液三相流进行数值模拟。图 5-27 是一个简化的二维模型,区域总长度为 2000 mm,总高度为 500 mm,下半部为一个倾斜的沙子区域。水流从模型左上角往下 100 mm 处的进口流入,进入区域冲刷沙子,然后从模型右侧往下 300 mm 处的出口流出。

通过模拟,可清楚地看到水流对沙滩的冲刷过程,以及气固液三相的分布情况。

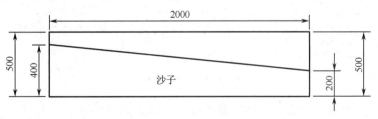

图 5-27 水流冲刷模型

5.2.2 Fluent 求解计算设置

1. 启动Fluent-2D

在 Workbench 平台启动 Fluent，Fluent 启动界面及设置如图 5-28 所示。

图 5-28 Fluent 启动界面及设置

2. 读入并检查网格

（1）导入网格，如图 5-29 所示。

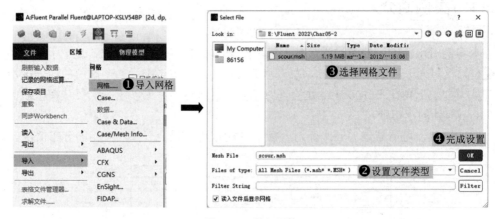

图 5-29 导入网格

（2）进行网格信息查看及网格质量检查，如图 5-30 所示。

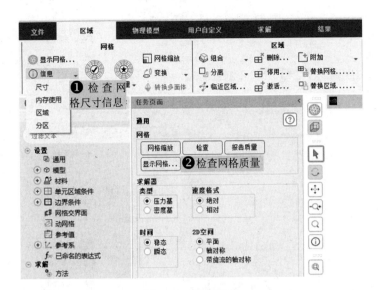

图 5-30 网格检查

 查看最小体积和最小面积是否为负数,如出现负数就说明网格有错误,需重新调整并划分网格。

3. 求解器参数设置

(1) 进行通用设置,如图 5-31 所示。

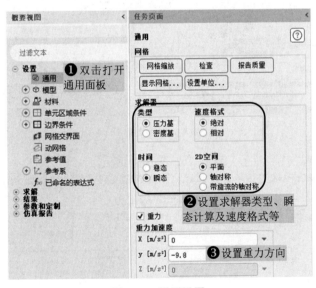

图 5-31 通用设置

(2) 进行粘性模型设置,如图 5-32 所示。

4. 定义材料物性

(1) 进行新增材料(水)设置,如图 5-33 所示。

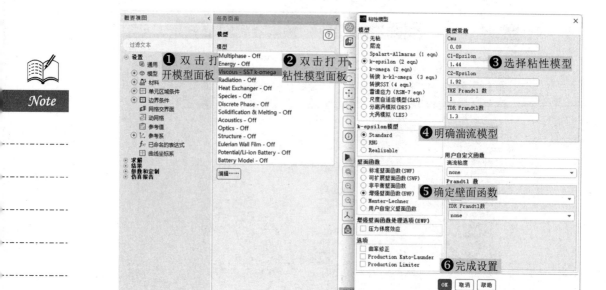

图 5-32　粘性模型设置

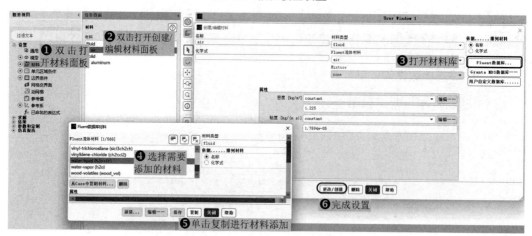

图 5-33　材料设置（一）

（2）进行新增材料（沙子）设置，如图 5-34 所示。

图 5-34　材料设置（二）

进行多相流设置，需要先进行添加材料，完成后再进行多相流设置。

5. 多相流模型设置

（1）开启欧拉多相流模型设置，如图 5-35 所示。

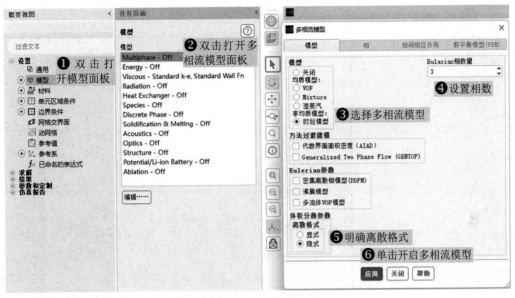

图 5-35　多相流模型设置

（2）在（1）的设置对话框中，进行欧拉多相流材料及颗粒属性参数设置，如图 5-36 所示。

（3）在（2）的设置对话框中，进行欧拉多相流模型作用力设置，如图 5-37 所示。

图 5-36　多相流材料及颗粒属性设置

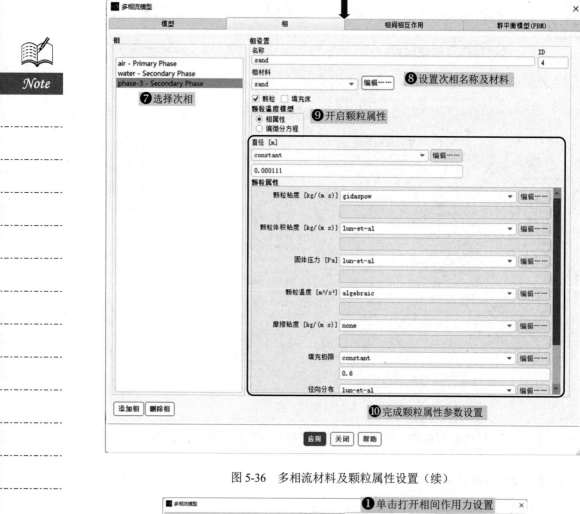

图 5-36 多相流材料及颗粒属性设置（续）

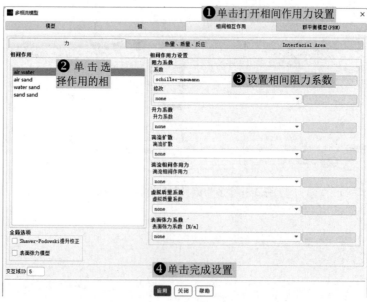

图 5-37 多相流模型作用力设置

6. 设置边界条件

（1）进行速度入口边界条件设置，如图5-38所示。

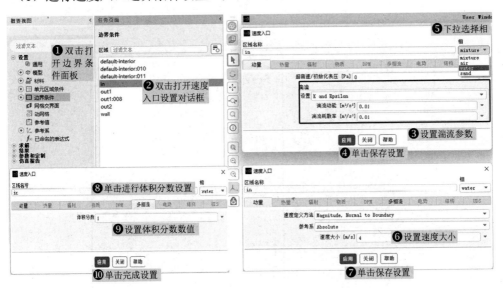

图 5-38 速度入口边界条件设置

（2）其他边界保持默认不变。

5.2.3 求解计算

1. 求解方法参数

进行求解方法参数设置，如图5-39所示。

图 5-39 求解方法参数设置

2. 设置亚松弛因子

进行亚松弛因子设置，如图 5-40 所示。

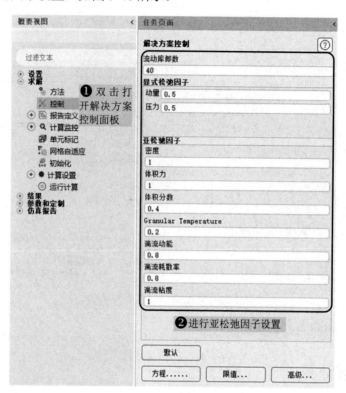

图 5-40 亚松弛因子设置

3. 设置收敛临界值

进行收敛残差值设置，如图 5-41 所示。

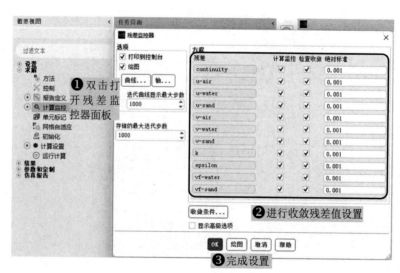

图 5-41 收敛残差值设置

4．设置流场初始化

（1）进行流场初始化设置，如图 5-42 所示。

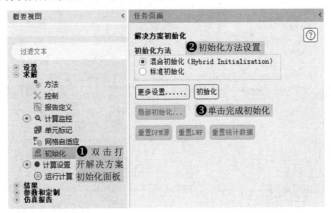

图 5-42　流场初始化设置

（2）在（1）的设置对话框中，进行初始化修补设置，如图 5-43 所示。

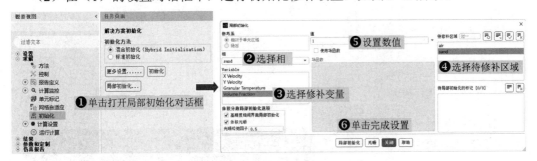

图 5-43　初始化修补设置

5．自动保存设置

计算过程需要设置自动保存计算结果，设置如图 5-44 所示。

图 5-44　自动保存设置

6. 动画设置

进行动画设置，如图 5-45 所示。

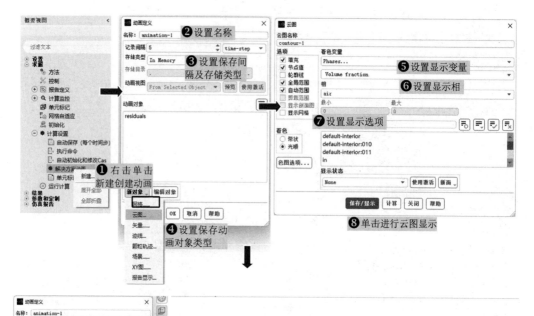

图 5-45　动画设置

7. 迭代计算

进行运行计算设置，如图 5-46 所示。

 本案例为进行项目演示，在实际过程中可以基于不同的仿真需求设置不同的时间步长及迭代步数。

计算得到残差曲线如图 5-47 所示。

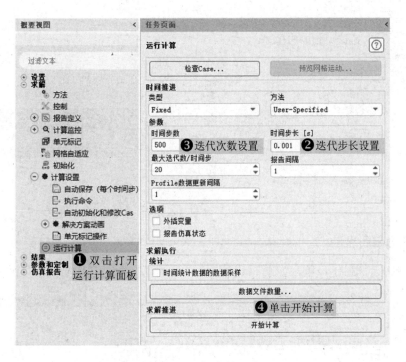

图 5-46 运行计算设置

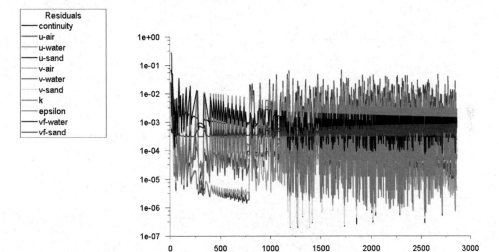

图 5-47 残差曲线

5.2.4 计算结果后处理及分析

1. 显示及保存动画

进行动画显示设置,如图 5-48 所示。

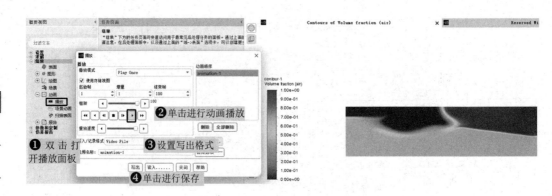

图 5-48 动画显示设置

2. 压力云图显示

进行压力云图显示设置，如图 5-49 所示。显示计算区域的压力云图，如图 5-50 所示。

图 5-49 压力云图显示设置

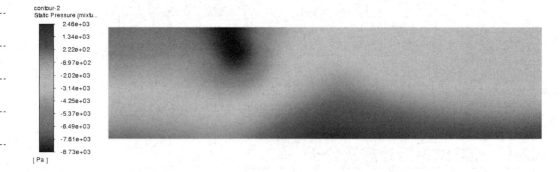

图 5-50 压力云图

3. 速度云图显示

进行速度云图显示设置，如图 5-51 所示。

第5章　多相流模型的数值模拟

图 5-51　速度云图显示设置

显示的速度云图如图 5-52 所示。

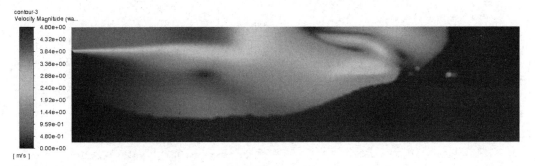

图 5-52　速度云图

4．体积分数云图显示

（1）进行沙子体积分数云图显示设置，如图 5-53 所示。

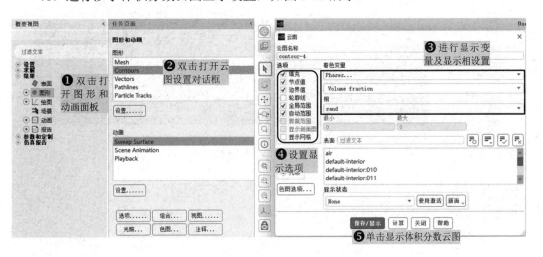

图 5-53　沙子体积分数云图显示设置

153

显示的沙子体积分数云图如图 5-54 所示。

图 5-54　沙子体积分数云图

（2）进行水体积分数云图显示设置，如图 5-55 所示。

图 5-55　水体积分数云图显示设置

显示的水体积分数云图如图 5-56 所示。

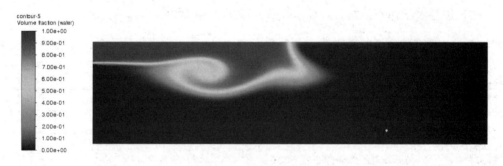

图 5-56　水体积分数云图

（3）进行空气体积分数云图显示设置，如图 5-57 所示。

显示的空气体积分数云图如图 5-58 所示。

图 5-57 空气体积分数云图显示设置

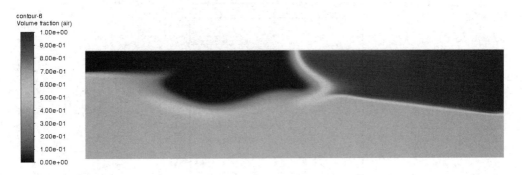

图 5-58 空气体积分数云图

5．其他时刻结果分析

导入其他时刻自动保存的结果，如图 5-59 所示，并进行分析。

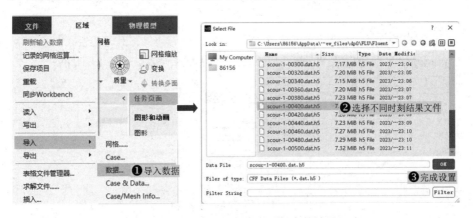

图 5-59 导入其他时刻自动保存的结果

进行其他时刻自动保存的结果分析时，需要先保存当前的 Fluent 计算结果。即先退出 Fluent 及 Workbench 后，再重新打开进行数据导入，然后进行结果分析，否则会出现部分计算结果数据丢失的情况。

5.3 海水中物体高速运动过程模拟分析

5.3.1 案例简介

本案例对水中物体高速运动产生的气穴现象进行模拟分析。图 5-60 为简化的二维模型，几何区域及物体尺寸如图所示，利用多相流 Mixture 模型对因压力变化而产生气穴的过程进行数值模拟。

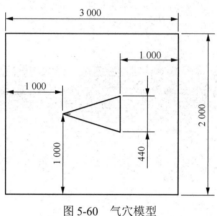

图 5-60 气穴模型

5.3.2 Fluent 求解计算设置

1. 启动Fluent-2D

在 Workbench 平台启动 Fluent，Fluent 启动界面及设置如图 5-61 所示。

图 5-61 Fluent 启动界面及设置

2. 读入并检查网格

（1）导入网格，如图 5-62 所示。

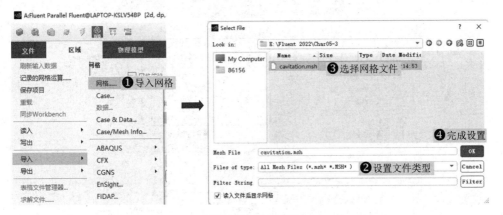

图 5-62　导入网格

（2）进行网格信息查看及网格质量检查，如图 5-63 所示。

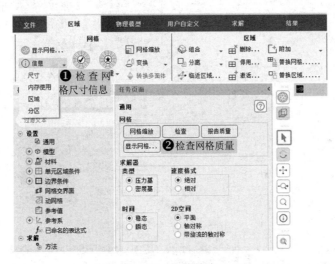

图 5-63　网格检查

 查看最小体积和最小面积是否为负数，如出现负数就说明网格有错误，需重新调整并划分网格。

3. 求解器参数设置

（1）进行通用设置，如图 5-64 所示。

（2）进行粘性模型设置，如图 5-65 所示。

4. 定义材料物性

（1）进行新增材料（水）设置，如图 5-66 所示。

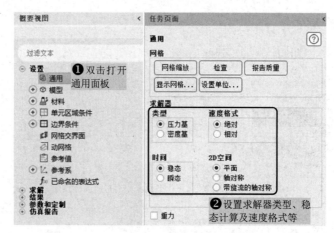

图 5-64 通用设置

图 5-65 粘性模型设置

图 5-66 材料新增设置（一）

（2）进行新增材料（水蒸气）设置，如图 5-67 所示。

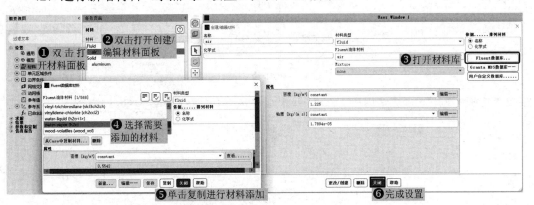

图 5-67　材料新增设置（二）

 进行多相流设置，需要先进行添加材料，完成后再进行多相流设置。

5．多相流模型设置

（1）开启 Mixture 多相流模型设置，如图 5-68 所示。

图 5-68　多相流模型设置

（2）在（1）的设置对话框中，进行 Mixture 多相材料及空化模型参数设置，如图 5-69 所示。

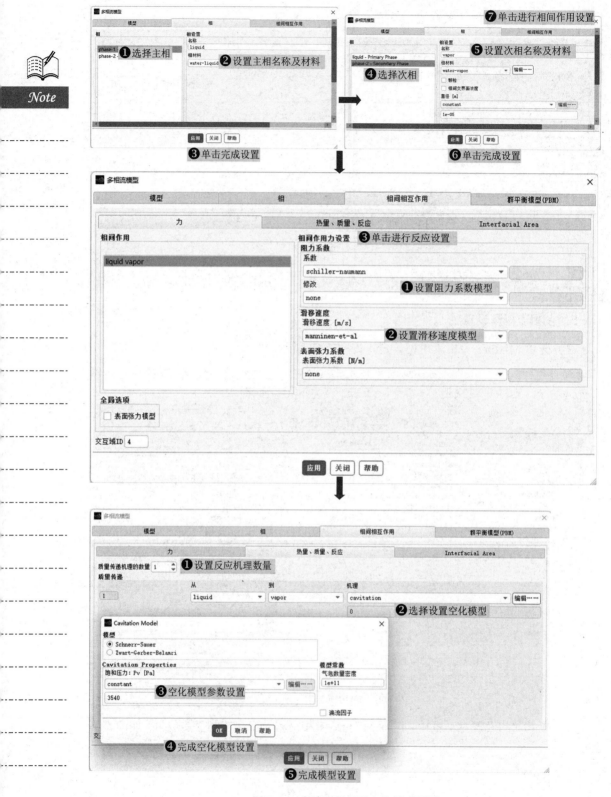

图 5-69 多相流材料及空化模型设置

6. 设置边界条件

（1）进行压力入口边界条件设置，如图 5-70 所示。

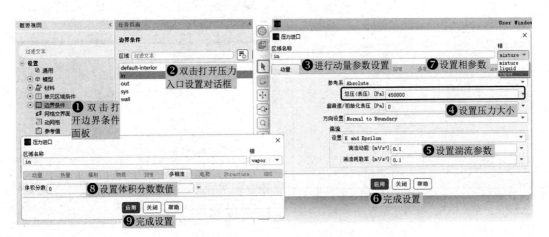

图 5-70 压力入口边界条件设置

（2）进行压力出口边界条件设置，如图 5-71 所示。

图 5-71 压力出口边界条件设置

5.3.3 求解计算

1. 求解方法参数

进行求解方法参数设置，如图 5-72 所示。

2. 设置亚松弛因子

进行亚松弛因子设置，如图 5-73 所示。

图 5-72 求解方法参数设置

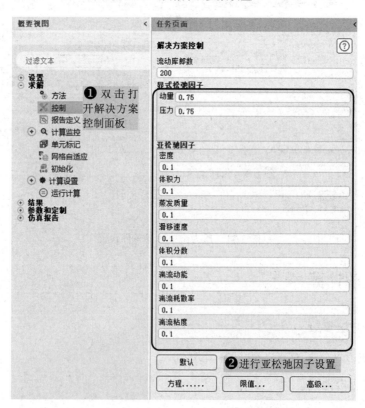

图 5-73 亚松弛因子设置

3. 设置收敛临界值

进行收敛残差值设置，如图 5-74 所示。

图 5-74 收敛残差值设置

4. 设置流场初始化

进行流场初始化设置，如图 5-75 所示。

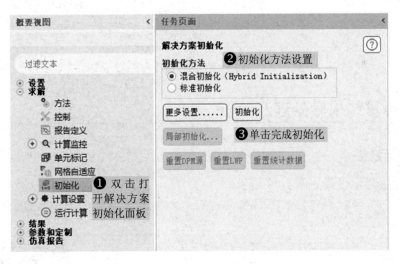

图 5-75 流场初始化设置

5. 迭代计算

进行运行计算设置，如图 5-76 所示。

计算得到残差曲线如图 5-77 所示。

图 5-76 运行计算设置

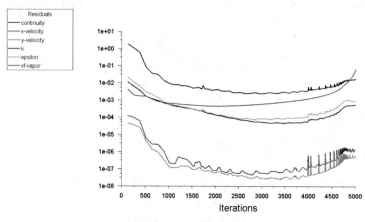

图 5-77 残差曲线

5.3.4 计算结果后处理及分析

1. 显示设置

对称模型显示设置如图 5-78 所示。

图 5-78 显示设置

因为几何模型为对称模型，建模时选取的为 1/2，因此需要设置镜像显示。

2. 速度云图显示

进行速度云图显示设置，如图 5-79 所示。

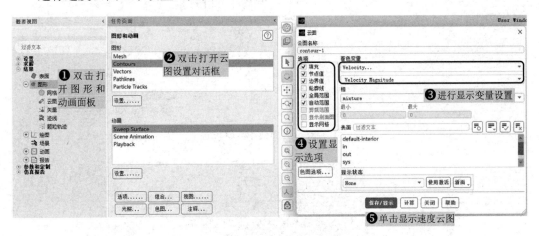

图 5-79　速度云图显示设置

显示的速度云图如图 5-80 所示，由速度云图可以看出，在锥形体的正后方有一个低速区，且出现了回流。

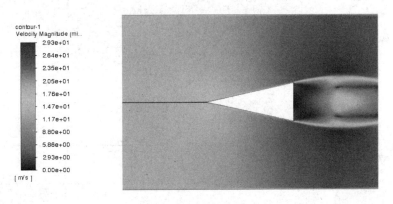

图 5-80　速度云图

3. 压力云图显示

进行压力云图显示设置，如图 5-81 所示。显示计算区域的压力云图，如图 5-82 所示，锥形体的正后方出现了低压区。

4. 体积分数云图显示

进行水蒸汽体积分数云图显示设置，如图 5-83 所示。

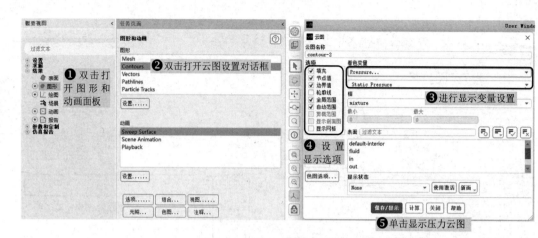

图 5-81 压力云图显示设置

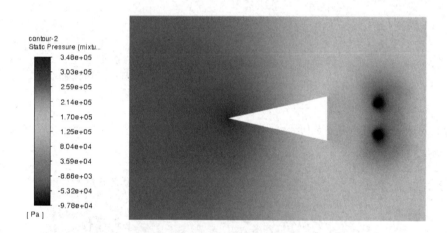

图 5-82 压力云图

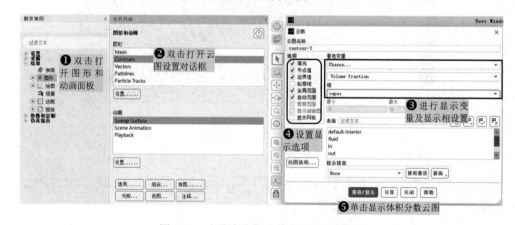

图 5-83 水蒸汽体积分数云图显示设置

蒸汽相的体积分数云图如图 5-84 所示，锥形体的正后方是低压区的部分，发生了气体渗出的现象，这正是气穴现象。

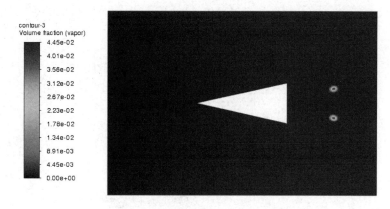

图 5-84　蒸汽相的体积分数云图

5.4　波浪流经障碍物过程模拟分析

5.4.1　案例简介

本案例对波浪流经障碍物过程进行模拟分析，图 5-85 为案例模型示意图，其中波浪利用 UDF 文件进行定义，利用多相流 VOF 模型对波浪流经过程中的速度、压力变化进行分析。

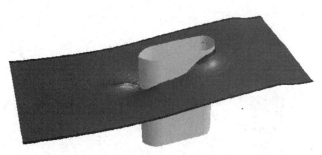

图 5-85　案例模型

5.4.2　Fluent 求解计算设置

1．启动 Fluent-3D

在 Workbench 平台启动 Fluent，Fluent 启动界面及设置如图 5-86 所示。

2．读入并检查网格

（1）导入网格，如图 5-87 所示。

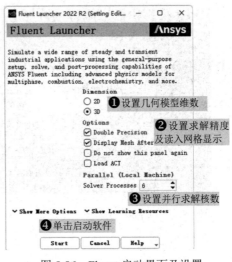

图 5-86　Fluent 启动界面及设置

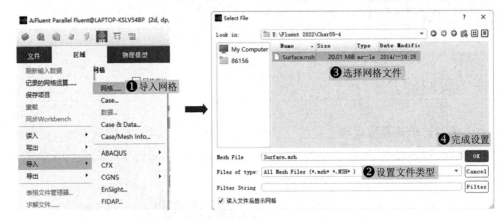

图 5-87　导入网格

（2）进行网格信息查看及网格质量检查，如图 5-88 所示。

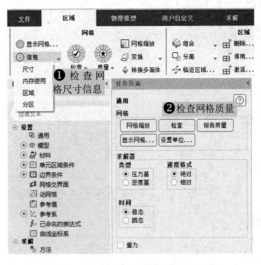

图 5-88　网格检查

查看最小体积和最小面积是否为负数,如出现负数就说明网格有错误,需重新调整并划分网格。

3．求解器参数设置

（1）进行通用设置,如图 5-89 所示。

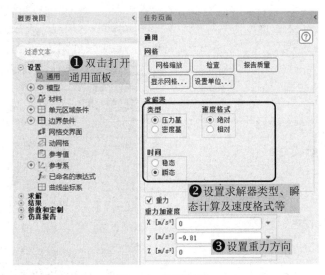

图 5-89　通用设置

（2）进行操作压力设置,如图 5-90 所示。

图 5-90　操作压力设置

 操作压力应位于水平面位置。

（3）进行粘性模型设置,如图 5-91 所示。

图 5-91 粘性模型设置

4．定义材料物性

进行材料设置，如图 5-92 所示。

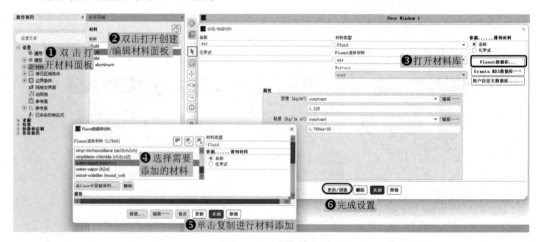

图 5-92 材料设置

进行多相流设置，需要先把材料进行添加，完成后再进行多相流设置。

5．多相流模型设置

（1）开启 VOF 多相流模型设置，如图 5-93 所示。

图 5-93 多相流模型设置

(2) 在 (1) 的设置对话框中,进行 VOF 多相流材料设置,如图 5-94 所示。

图 5-94 多相流材料设置

6. 设置边界条件

边界入口需加载波浪造波源项,编写 UDF 文件代码如下:

```
#include "udf.h"

DEFINE_PROFILE(inlet_pressure, tf, nv)
{
    face_t f; cell_t c0;
    real x[ND_ND];
```

```
    Thread *t0 = THREAD_T0(tf);
    begin_f_loop (f, tf);
      {
         c0 = F_C0(f,tf);
         F_CENTROID(x,f,tf);
         F_PROFILE (f,tf, nv) = C_R(c0,t0)*1.27*1.27/2.0 -
         (C_R(c0,t0)-1.225)*9.81*x[1];
      }
    end_f_loop (f, tf)
}

DEFINE_PROFILE(outlet_pressure, tf, nv)
{
    face_t f; cell_t c0;
    real x[ND_ND];
    Thread *t0 = THREAD_T0(tf);
    begin_f_loop (f, tf);
    {
       c0 = F_C0(f,tf);
       F_CENTROID(x,f,tf);
       F_PROFILE (f,tf, nv) = -(C_R(c0,t0)-1.225)*9.81*x[1];
    }
    end_f_loop (f, tf)
}

DEFINE_PROFILE(inlet_vof, tf, nv)
{
    face_t f; cell_t c0;
    real x[ND_ND];
    Thread *t0 = THREAD_T0(tf);
    begin_f_loop (f, tf);
    {
       c0 = F_C0(f,tf);
       F_PROFILE (f,tf, nv) = C_VOF(c0,t0);
    }
    end_f_loop (f, thread)
}
```

（1）进行 UDF 文件导入设置，如图 5-95 示。

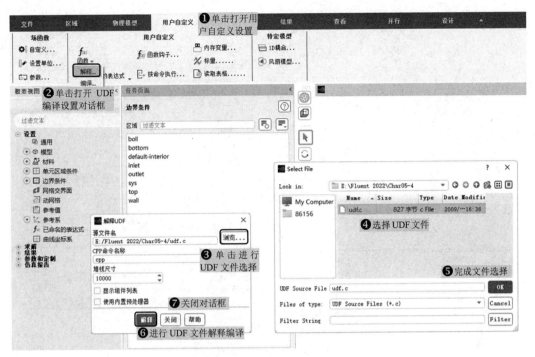

图 5-95　UDF 文件导入设置

（2）进行压力入口边界条件设置，如图 5-96 所示。

图 5-96　压力入口边界条件设置

（3）进行压力出口边界条件设置，如图 5-97 所示。

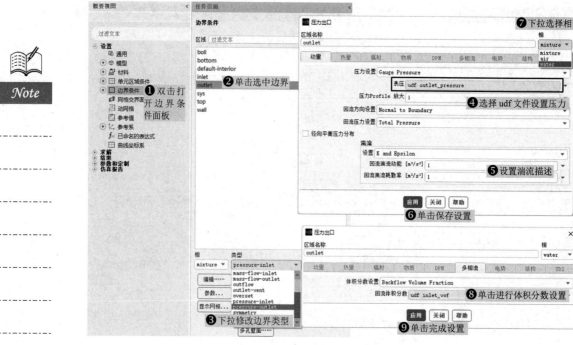

图 5-97　压力出口边界条件设置

5.4.3　求解计算设置

1. 求解方法参数

进行求解方法参数设置，如图 5-98 所示。

图 5-98　求解方法参数设置

2. 设置亚松弛因子

进行亚松弛因子设置，如图 5-99 所示。

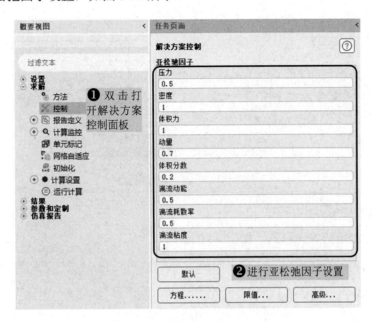

图 5-99 亚松弛因子设置

3. 设置收敛临界值

进行收敛残差值设置，如图 5-100 所示。

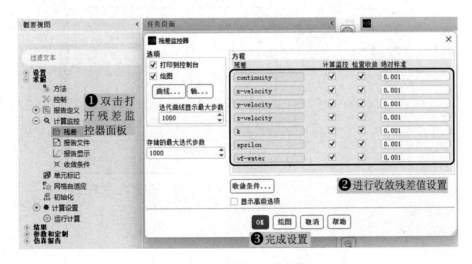

图 5-100 收敛残差值设置

4. 空气区域设置

进行海水区域标记设置，如图 5-101 所示。

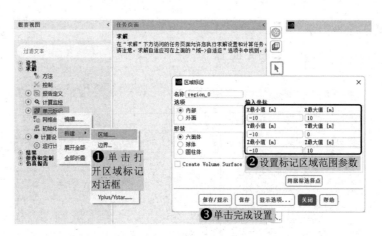

图 5-101 海水区域标记设置

5．设置流场初始化

（1）进行流场初始化设置，如图 5-102 所示。

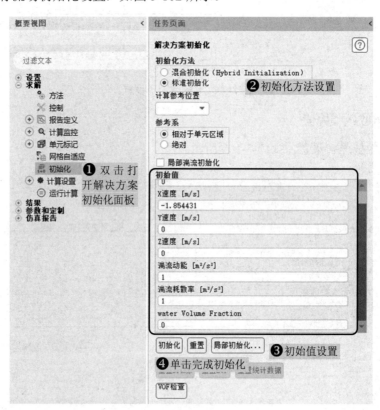

图 5-102 流场初始化设置

（2）在（1）的设置对话框中，进行初始化修补设置，如图 5-103 所示。

6．自动保存设置

计算过程需要设置自动保存计算结果，设置如图 5-104 所示。

第 5 章 多相流模型的数值模拟

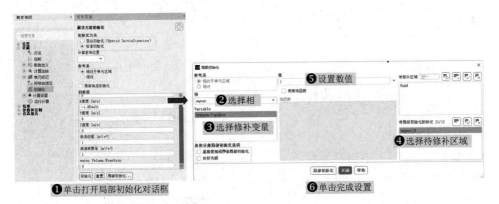

图 5-103 初始化修补设置

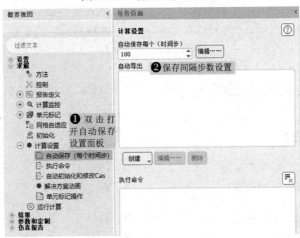

图 5-104 自动保存设置

7．迭代计算

进行运行计算设置，如图 5-105 所示。

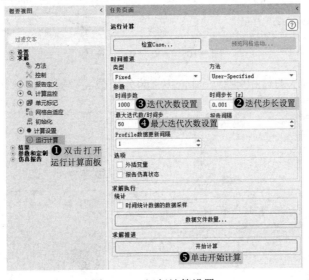

图 5-105 运行计算设置

计算得到残差曲线如图 5-106 所示。

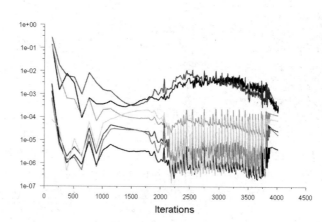

图 5-106　残差曲线

5.4.4　计算结果后处理及分析

1．创建分析截面

（1）创建 z=0 分析截面设置，如图 5-107 所示。

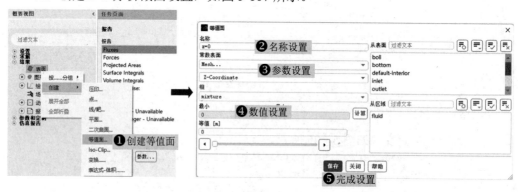

图 5-107　z=0 分析截面设置

（2）创建分析水的体积分数 volume-0.9 的分析截面设置，如图 5-108 所示。

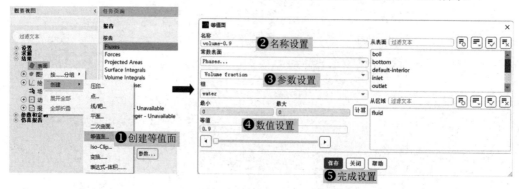

图 5-108　volume-0.9 分析截面设置

2. z=0截面压力云图显示

进行 z=0 截面压力云图显示设置,如图 5-109 所示。显示计算区域的压力云图,如图 5-110 所示。

图 5-109　压力云图显示设置

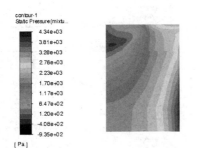

图 5-110　压力云图

3. volume-0.9截面压力云图显示

进行 volume-0.9 截面压力云图显示设置,如图 5-111 所示。显示计算区域的压力云图,如图 5-112 所示。

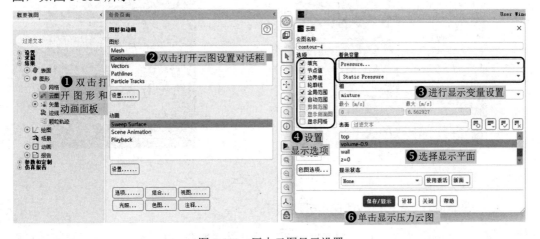

图 5-111　压力云图显示设置

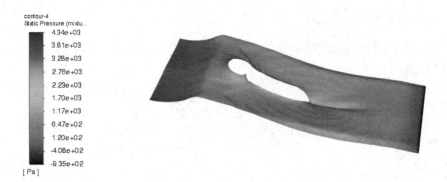

图 5-112 压力云图

4. z=0 截面速度云图显示

进行 z=0 截面速度云图显示设置，如图 5-113 所示。显示计算区域的速度云图，如图 5-114 所示。

图 5-113 速度云图显示设置

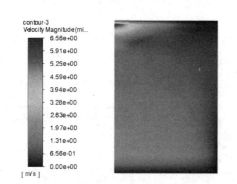

图 5-114 速度云图

5. volume-0.9 及入口截面速度云图显示

进行 volume-0.9 及入口截面速度云图显示设置，如图 5-115 所示。显示计算区域的速度云图，如图 5-116 所示。

图 5-115　速度云图显示设置

图 5-116　速度云图

6. 体积分数云图显示

进行水体积分数云图显示设置，如图 5-117 所示。

图 5-117　水体积分数云图显示设置

显示的水体积分数云图如图 5-118 所示。

图 5-118　水体积分数云图

5.5　本章小结

本章通过 4 个实例对 VOF 模型、Eulerian 模型及 Mixture 进行讲解。通过对本章的学习，读者能掌握 Fluent 对多相流模型的求解模拟，以及对结果进行后处理和分析。

第6章

离散相模型的数值模拟

多相流模型用于求解连续相的多相流问题,对于颗粒、液滴、气泡、粒子等多相流问题,当其体积分数小于10%时,就要用到离散相模型。本章通过两个算例的分析求解,使读者掌握 Fluent 离散相模型的使用方法。

> 学习目标
>
> - 通过实例掌握离散相数值模拟的方法;
> - 掌握离散相问题边界条件的设置方法;
> - 掌握离散相问题的后处理和结果分析。

6.1 喷淋塔喷淋过程模拟分析

6.1.1 案例简介

本案例利用 DPM 模型对喷淋塔喷淋过程进行数值模拟。图 6-1 是喷淋塔的二维模型，喷淋塔高 20000 mm，直径为 11500 mm，烟气从右侧倾斜进口进入喷淋塔，然后从喷淋塔上部出口流出。距离底部 17000 mm 高的地方有浆料从喷口喷出，浆料在下降过程中与烟气之间有相互作用力，最后浆料落至塔底部。忽略浆料和烟气之间的化学反应以及浆料的蒸发，通过模拟计算得出喷淋塔内的压力场、速度场等，以及浆料液滴的运动情况。

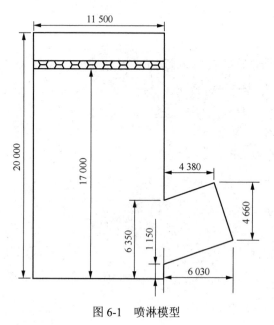

图 6-1 喷淋模型

6.1.2 Fluent 求解计算设置

1. 启动 Fluent-2D

在 Workbench 平台启动 Fluent，Fluent 启动界面及设置如图 6-2 所示。

2. 读入并检查网格

（1）导入网格，如图 6-3 所示。

（2）进行网格信息查看及网格质量检查，如图 6-4 所示。

第 6 章　离散相模型的数值模拟

图 6-2　Fluent 启动界面及设置

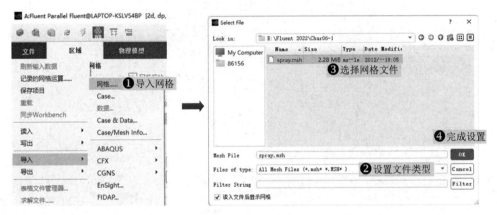

图 6-3　导入网格

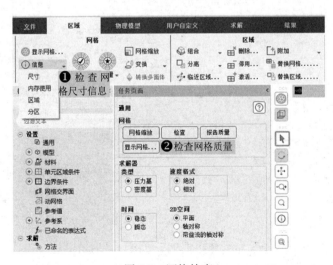

图 6-4　网格检查

> **提示** 查看最小体积和最小面积是否为负数，如出现负数就说明网格有错误，需重新调整并划分网格。

3. 求解器参数设置

（1）进行通用设置，如图 6-5 所示。

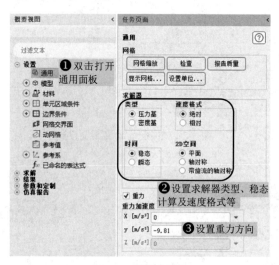

图 6-5 通用设置

（2）进行粘性模型设置，如图 6-6 所示。

图 6-6 粘性模型设置

（3）进行离散相模型设置并创建喷射源，如图 6-7 所示。

（4）在步骤（3）单击 OK 保存后，在 X-位置方向上间隔 1 m 设置一个相同的粒子源，如图 6-8 所示。

第 6 章 离散相模型的数值模拟

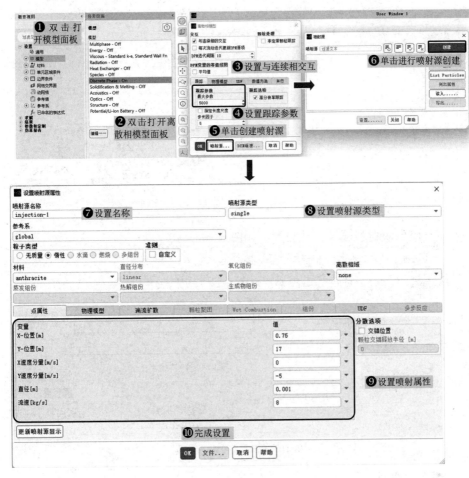

图 6-7 离散相模型设置（一）

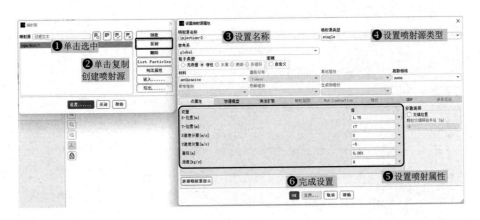

图 6-8 离散相模型设置（二）

（5）同步骤（4），在 X-位置方向上每间隔 1 m 设置一个相同的粒子源，再设置 8 个。

4．定义材料物性

（1）进行新增材料（烟气）设置，如图 6-9 所示。

图 6-9 材料设置

（2）进行喷射源材料属性修改设置，如图 6-10 所示。

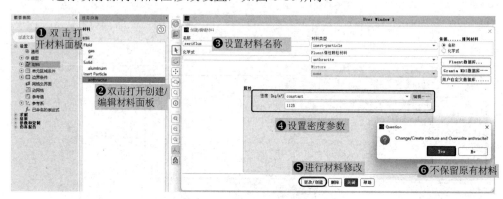

图 6-10 材料属性修改设置

5．设置区域条件

进行流体区域内材料属性设置，如图 6-11 所示。

图 6-11 流体区域内材料属性设置

6．设置边界条件

（1）进行压力入口边界条件设置，如图 6-12 所示。

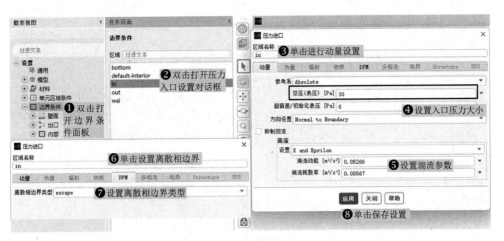

图 6-12 压力入口边界条件设置

（2）进行压力出口边界条件设置，如图 6-13 所示。

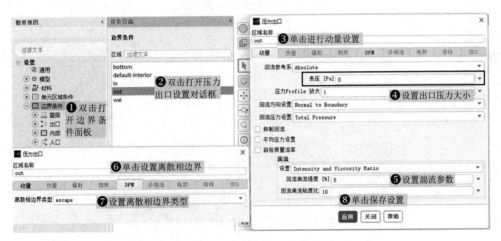

图 6-13 压力出口边界条件设置

（3）进行 bottom 壁面边界条件设置，如图 6-14 所示。

图 6-14 bottom 壁面边界条件设置

（4）进行 wai 壁面边界条件设置，如图 6-15 所示。

图 6-15　wai 壁面边界条件设置

6.1.3　求解计算

1．求解方法参数

进行求解方法参数设置，如图 6-16 所示。

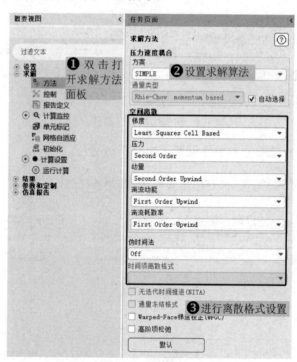

图 6-16　求解方法参数设置

2. 设置亚松弛因子

进行亚松弛因子设置，如图 6-17 所示。

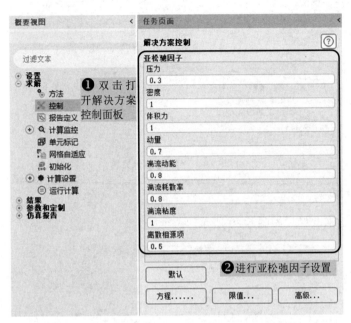

图 6-17 亚松弛因子设置

3. 设置收敛临界值

进行收敛残差值设置，如图 6-18 所示。

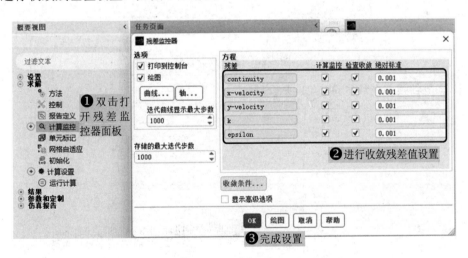

图 6-18 收敛残差值设置

4. 设置流场初始化

进行流场初始化设置，如图 6-19 所示。

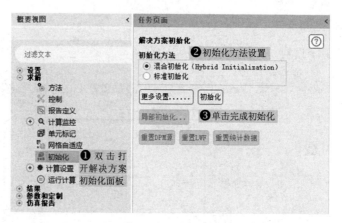

图 6-19 流场初始化设置

5．迭代计算

进行运行计算设置，如图 6-20 所示。

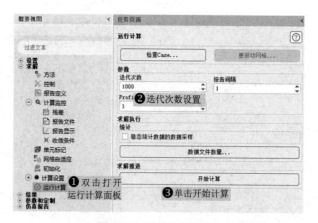

图 6-20 运行计算设置

计算得到残差曲线如图 6-21 所示。

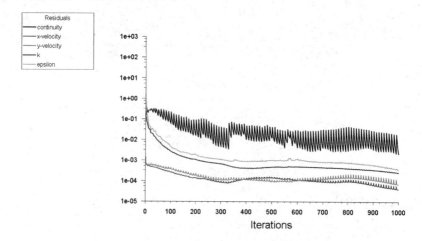

图 6-21 残差曲线

6.1.4 计算结果后处理及分析

1. 压力云图显示

进行压力云图显示设置，如图 6-22 所示。

图 6-22　压力云图显示设置

显示计算区域的压力云图，如图 6-23 所示。由压力云图可以看出，喷淋塔底部压力最大，越往上压力越小。

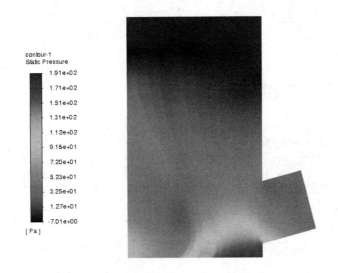

图 6-23　压力云图

2. 速度云图显示

进行速度云图显示设置，如图 6-24 所示。

显示的速度云图如图 6-25 所示，由速度云图可以看出，速度呈条纹状分布，这是烟气与喷流液滴相互作用的结果。

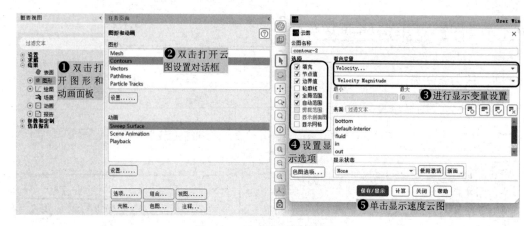

图 6-24　速度云图显示设置

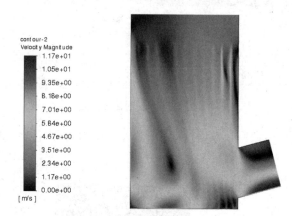

图 6-25　速度云图

3. 离散相质量分数云图显示

进行离散相质量分数云图显示设置，如图 6-26 所示。

图 6-26　离散相质量分数云图显示设置

显示的离散相质量分数云图如图 6-27 所示，由质量分数云图可以明显看出浆料喷流形成的流线，喷淋塔内浆料浓度最大处可达 13 kg/m^3。

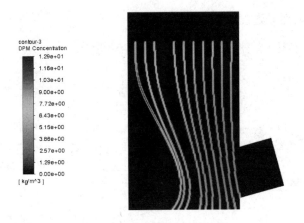

图 6-27 离散相质量分数云图

4. 离散相颗粒运动时间显示

进行离散相颗粒运动时间显示设置，如图 6-28 所示。

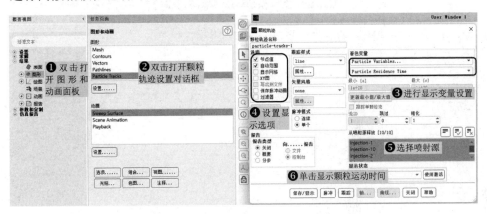

图 6-28 离散相颗粒运动时间显示设置

显示的离散相颗粒运动时间云图如图 6-29 所示，液滴从喷口落至喷淋塔底部所需的最长时间为 3.56 s。

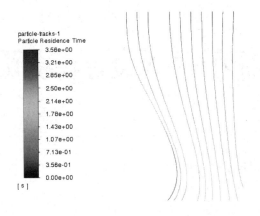

图 6-29 离散相颗粒运动时间云图

5. 离散相颗粒运动速度显示

进行离散相颗粒运动速度显示设置，如图6-30所示。

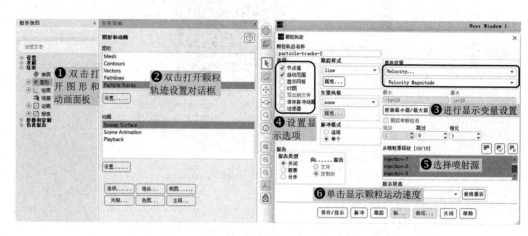

图6-30 离散相颗粒运动速度显示设置

显示的离散相颗粒运动速度云图如图6-31所示。

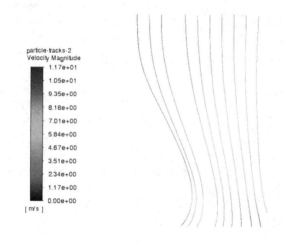

图6-31 离散相颗粒运动速度云图

6.2 反应器内粒子流动过程模拟分析

6.2.1 案例简介

如图6-32所示，请用ANSYS Fluent分析模拟反应器内粒子的流动情况。

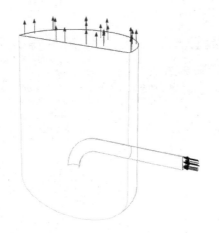

图 6-32 反应器几何模型

6.2.2 Fluent 求解计算设置

1. 启动 Fluent-3D

在 Workbench 平台启动 Fluent，Fluent 启动界面及设置如图 6-33 所示。

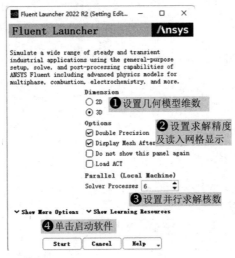

图 6-33 Fluent 启动界面及设置

2. 读入并检查网格

（1）导入网格，如图 6-34 所示。
（2）进行网格信息查看及网格质量检查，如图 6-35 所示。

提示 查看最小体积和最小面积是否为负数，如出现负数就说明网格有错误，需重新调整并划分网格。

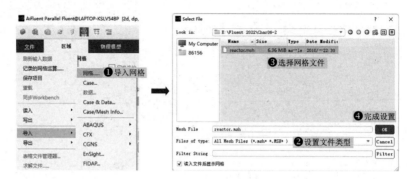

图 6-34　导入网格

3. 求解器参数设置

（1）进行通用设置，如图 6-36 所示。

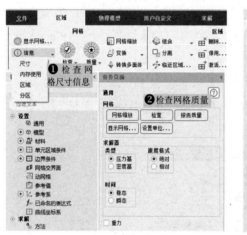

图 6-35　网格检查

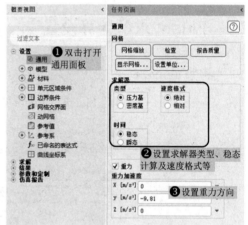

图 6-36　通用设置

（2）进行粘性模型设置，如图 6-37 所示。

图 6-37　粘性模型设置

(3) 进行离散相模型设置，并创建喷射源，如图 6-38 所示。

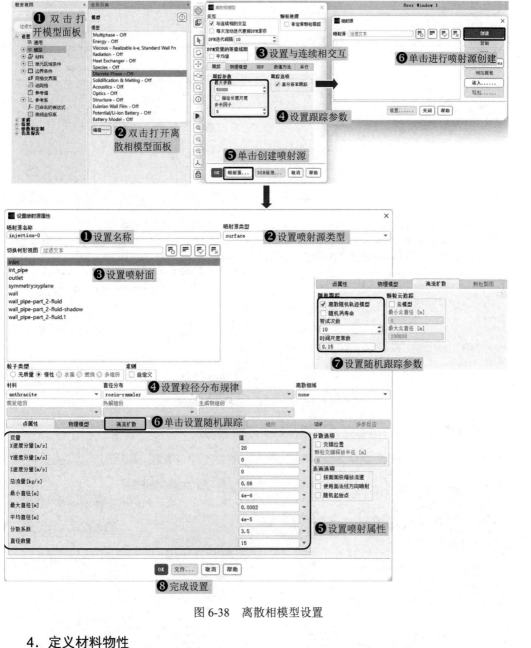

图 6-38 离散相模型设置

4．定义材料物性

进行喷射源材料属性修改，如图 6-39 所示。

5．设置边界条件

（1）进行速度入口边界条件设置，如图 6-40 所示。

图 6-39　材料属性修改

图 6-40　速度入口边界条件设置

（2）进行压力出口边界条件设置，如图 6-41 所示。

图 6-41　压力出口边界条件设置

（3）进行 wall 壁面边界条件设置，如图 6-42 所示。

图 6-42　wall 壁面边界条件设置

6.2.3　求解计算

1．求解方法参数

进行求解方法参数设置，如图 6-43 所示。

图 6-43　求解方法参数设置

2．设置亚松弛因子

进行亚松弛因子设置，如图 6-44 所示。

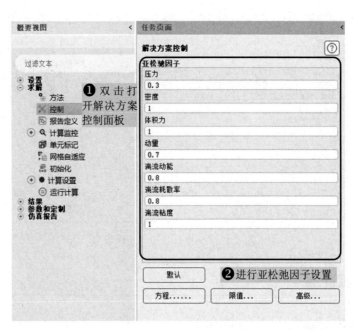

图 6-44 亚松弛因子设置

3. 设置收敛临界值

进行收敛残差值设置,如图 6-45 所示。

图 6-45 收敛残差值设置

4. 设置流场初始化

进行流场初始化设置,如图 6-46 所示。

5. 迭代计算

进行运行计算设置,如图 6-47 所示。

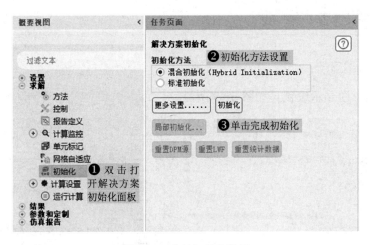

图 6-46 流场初始化设置

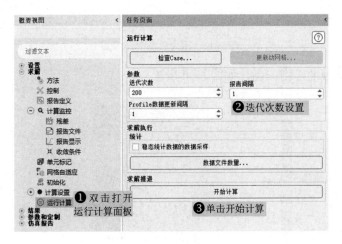

图 6-47 运行计算设置

计算得到残差曲线如图 6-48 所示。

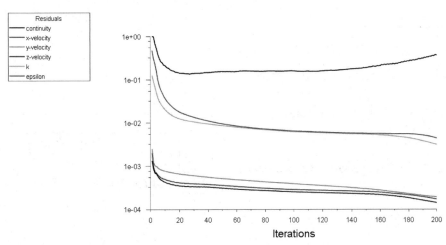

图 6-48 残差曲线

6.2.4 计算结果后处理及分析

1. 压力云图显示

进行压力云图显示设置，如图 6-49 所示。

图 6-49 压力云图显示设置

显示计算区域的压力云图，如图 6-50 所示。

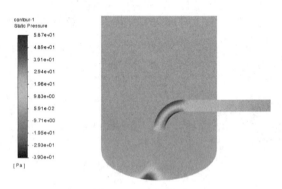

图 6-50 压力云图

2. 速度云图显示

进行速度云图显示设置，如图 6-51 所示。

图 6-51 速度云图显示设置

显示的速度云图如图 6-52 所示。

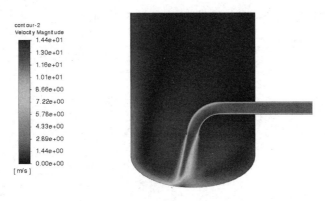

图 6-52　速度云图

3. 离散相颗粒运动时间显示

进行离散相颗粒运动时间显示设置，如图 6-53 所示。

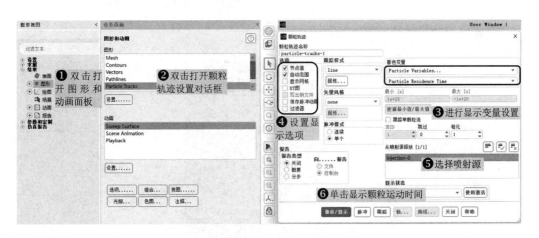

图 6-53　离散相颗粒运动时间显示设置

显示的离散相颗粒运动时间云图如图 6-54 所示，颗粒从入口到出口所需的最长时间为 75.2 s。

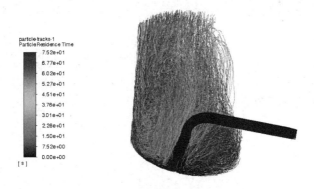

图 6-54　离散相颗粒运动时间云图

4. 离散相颗粒运动速度显示

进行离散相颗粒运动速度显示设置，如图 6-55 所示。

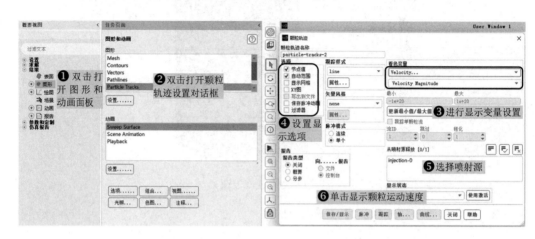

图 6-55　离散相颗粒运动速度显示设置

显示的离散相颗粒运动速度云图如图 6-56 所示。

图 6-56　离散相颗粒运动速度云图

6.3　本章小结

本章通过两个实例对离散相模型进行了详细讲解。通过本章的学习，读者可以掌握如何使用离散相模型模拟颗粒的运动轨迹，并根据实际情况设置颗粒相的属性参数，观察不同性质的颗粒轨迹运动情况。

第7章

组份传输与燃烧模型的数值模拟

本章介绍化学组份混合和燃烧的数值模拟。首先利用组分传输模型对室内污染物的扩散进行数值模拟分析,然后利用有限速率化学反应模型对气体的燃烧进行模拟计算,通过对这两个实例的学习,读者可以初步了解组分传输、气体燃烧模型。

学习目标

- 学会利用组分传输模型计算污染物的扩散过程;
- 学会利用气体燃烧模型模拟燃气炉内煤气的燃烧过程;
- 掌握组分传输与气体燃烧问题边界条件的设置方法;
- 掌握自然对流和辐射换热问题计算结果的后处理及分析方法。

7.1 室内污染物扩散过程模拟分析

7.1.1 案例简介

本案例利用组份传输模型对室内甲醛污染物浓度进行数值模拟。图 7-1 是一个办公室的三维简化模型，室内有一张长 1.4 m、宽 0.4 m、高 0.75 m 的办公桌；还有一个长 1.6 m、宽 0.4 m、高 1.9 m 的书柜。门简化为速度入口，窗户为压力出口。甲醛污染物从办公桌和书柜的外表面挥发出来，通过门窗通风来降低室内甲醛浓度，本案例为稳态计算。

图 7-1　办公室三维模型

7.1.2 Fluent 求解计算设置

1. 启动Fluent-3D

在 Workbench 平台启动 Fluent，Fluent 启动界面及设置如图 7-2 所示。

图 7-2　Fluent 启动界面及设置

第 7 章 组份传输与燃烧模型的数值模拟

2. 读入并检查网格

(1) 导入网格，如图 7-3 所示。

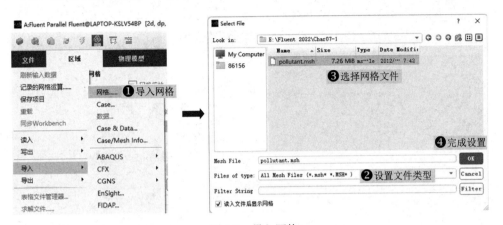

图 7-3 导入网格

(2) 进行网格信息查看及网格质量检查，如图 7-4 所示。

 查看最小体积和最小面积是否为负数，如出现负数就说明网格有错误，需重新调整并划分网格。

3. 求解器参数设置

(1) 进行通用设置，如图 7-5 所示。

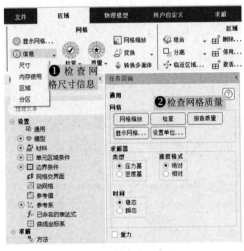

图 7-4 网格检查　　图 7-5 通用设置

(2) 进行粘性模型设置，如图 7-6 所示。

(3) 进行能量方程设置，如图 7-7 所示。

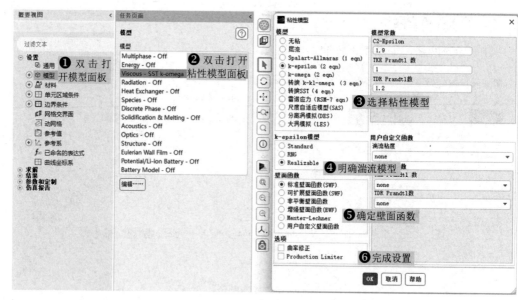

图 7-6　粘性模型设置

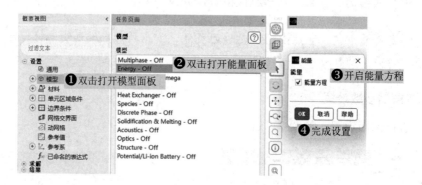

图 7-7　能量方程设置

（4）进行组份模型设置，如图 7-8 所示。

图 7-8　组份模型设置

4．定义材料物性

（1）进行新增材料（甲醛）设置，如图 7-9 所示。

第 7 章 组份传输与燃烧模型的数值模拟

图 7-9 材料设置（一）

（2）修改混合物的材料属性，如图 7-10 所示。

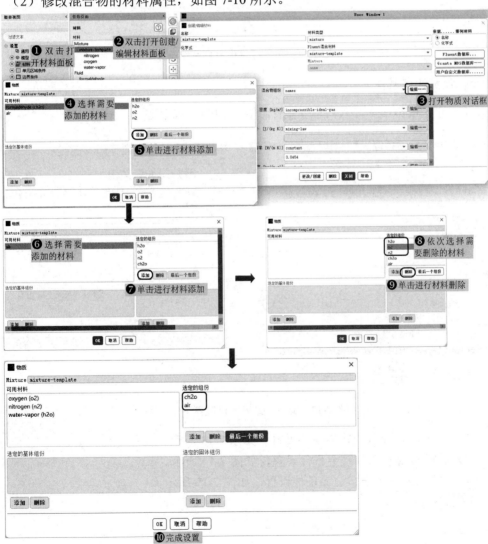

图 7-10 材料设置（二）

注：因为是分析甲醛气体在空气中的扩散过程，因此组份模型中最终的物质组成为甲醛和空气，后续可以将甲醛置于"最后一个组份"。

5．设置区域条件

进行单元区域内材料属性设置，如图 7-11 所示。

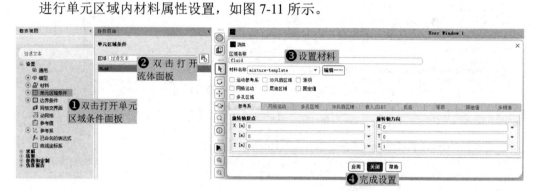

图 7-11　单元区域内材料属性设置

6．设置边界条件

（1）进行 bookcase 流入口边界条件设置，如图 7-12 所示。

图 7-12　bookcase 流入口边界条件设置

（2）进行 desk 流入口边界条件设置，如图 7-13 所示。

（3）进行 in 速度入口边界条件设置，如图 7-14 所示。

（4）进行 out 压力出口边界条件设置，如图 7-15 所示。

第 7 章 组份传输与燃烧模型的数值模拟

图 7-13 desk 流入口边界条件设置

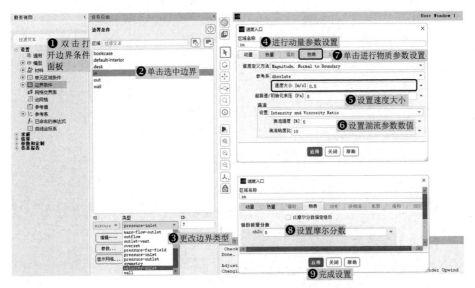

图 7-14 速度入口边界条件设置

图 7-15 压力出口边界条件设置

注：对于"组份模型",边界条件需要进行物质组份设置,如设置为1,则代表出口全部是100%的甲醛,如设置为0,则代表入口(出口回流)全部是100%的空气。

7.1.3 求解计算

1．求解方法参数

进行求解方法参数设置,如图7-16所示。

图7-16 求解方法参数设置

2．设置亚松弛因子

进行亚松弛因子设置,如图7-17所示。

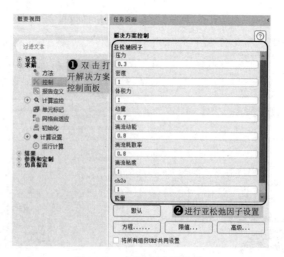

图7-17 亚松弛因子设置

3. 设置收敛临界值

进行收敛残差值设置，如图 7-18 所示。

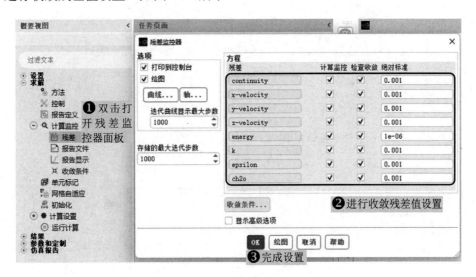

图 7-18 收敛残差值设置

4. 设置流场初始化

进行流场初始化设置，如图 7-19 所示。

图 7-19 流场初始化设置

5. 迭代计算

进行运行计算设置，如图 7-20 所示。

计算得到残差曲线如图 7-21 所示。

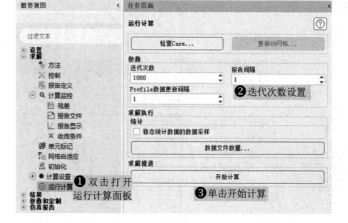

图 7-20　运行计算设置

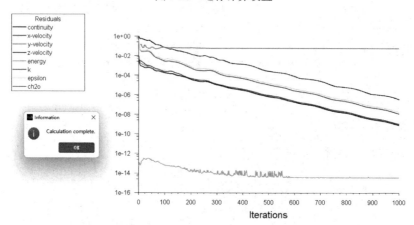

图 7-21　残差曲线

7.1.4　计算结果后处理及分析

1．创建分析截面

创建 z=1.6 分析截面，如图 7-22 所示。

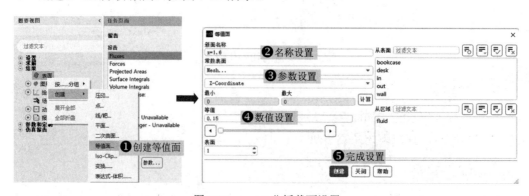

图 7-22　z=1.6 分析截面设置

注：因为 Z 方向从-1.45m 开始作为基准，因此 Z=1.6 m 高度等效于 z=0.15 m。

2．z=1.6 截面压力云图显示

进行 z=1.6 截面压力云图显示设置，如图 7-23 所示。显示计算区域的压力云图，如图 7-24 所示。

图 7-23　压力云图显示设置

图 7-24　压力云图

3．z=1.6 截面速度云图显示

进行 z=1.6 截面速度云图显示设置，如图 7-25 所示。显示计算区域的速度云图，如图 7-26 所示。

图 7-25　速度云图显示设置

图 7-26 速度云图

4. z=1.6截面甲醛质量分数云图显示

进行 z=1.6 截面甲醛质量分数云图显示设置,如图 7-27 所示。显示计算区域的甲醛质量分数云图,如图 7-28 所示。

图 7-27 甲醛质量分数云图显示设置

图 7-28 甲醛质量分数云图

7.2 爆炸燃烧过程模拟分析

7.2.1 案例简介

本案例是利用组份模型对封闭管道内的气体燃烧、爆炸进行模拟分析，仿真几何模型如图 7-29 所示。

图 7-29 模型示意图

7.2.2 Fluent 求解计算设置

1. 启动Fluent-2D

在 Workbench 平台启动 Fluent，Fluent 启动界面及设置如图 7-30 所示。

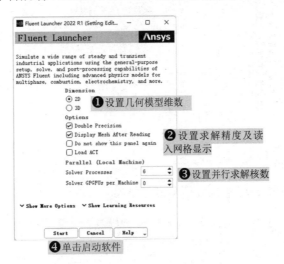

图 7-30 Fluent 启动界面及设置

2. 读入并检查网格

（1）导入网格，如图 7-31 所示。
（2）进行网格信息查看及网格质量检查，如图 7-32 所示。

 查看最小体积和最小面积是否为负数，如出现负数就说明网格有错误，需重新调整并划分网格。

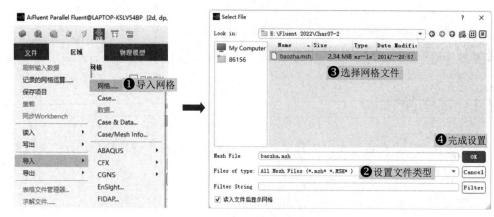

图 7-31　导入网格

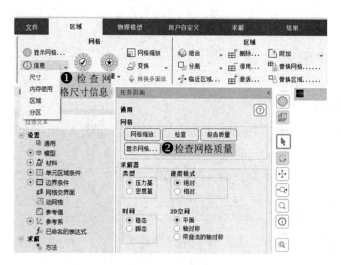

图 7-32　网格检查

3．求解器参数设置

（1）进行通用设置，如图 7-33 所示。

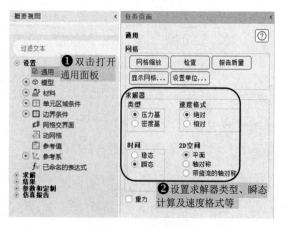

图 7-33　通用设置

（2）进行反应机理文件 trq-skel.che 和热力学文件 therm.dat 导入设置，如图 7-34 所示。

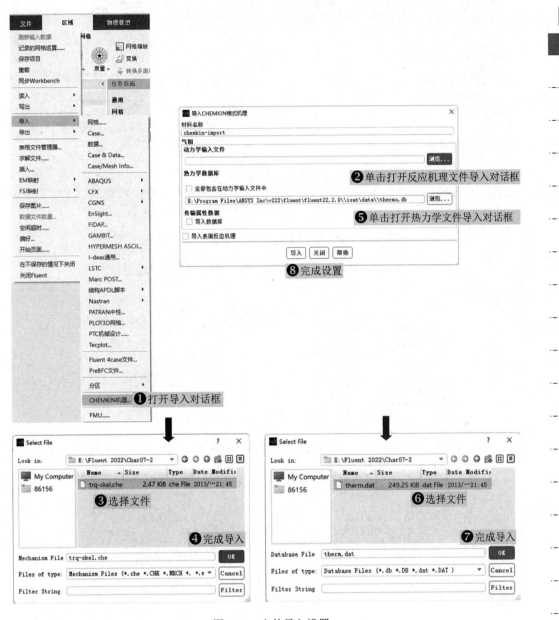

图 7-34 文件导入设置

（3）进行粘性模型设置，如图 7-35 所示。
（4）进行能量方程设置，如图 7-36 所示。
（5）进行组份模型设置，如图 7-37 所示。

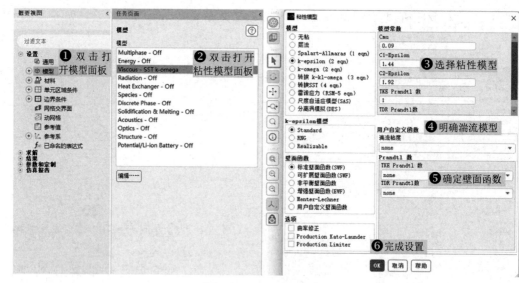

图 7-35　粘性模型设置

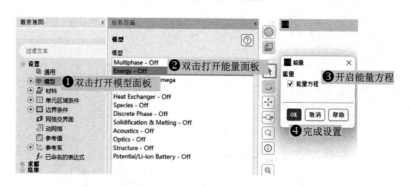

图 7-36　能量方程设置

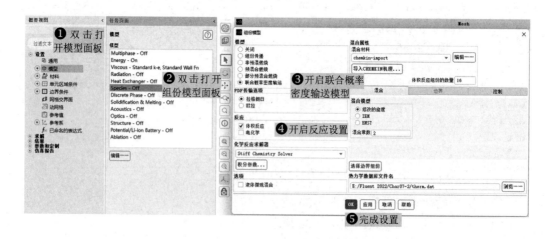

图 7-37　组份模型设置

4. 定义材料物性

进行反应材料设置，如图 7-38 所示。

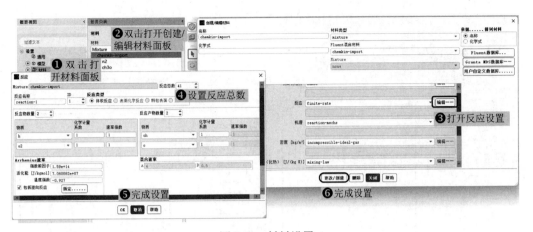

图 7-38　材料设置

5．设置区域条件

进行单元区域内反应设置，如图 7-39 所示。

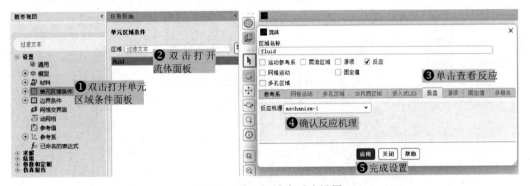

图 7-39　单元区域内反应设置

7.2.3　求解计算

1．求解方法参数

进行求解方法参数设置，如图 7-40 所示。

2．设置亚松弛因子

进行亚松弛因子设置，如图 7-41 所示。

3．设置收敛临界值

进行收敛残差值设置，如图 7-42 所示。

4．点火区域设置

进行点火区域标记设置，如图 7-43 所示。

图 7-40 求解方法参数设置　　　　　图 7-41 亚松弛因子设置

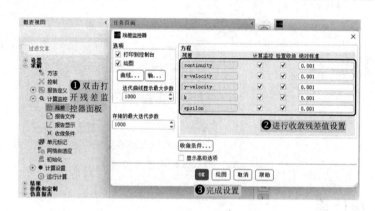

图 7-42 收敛残差值设置

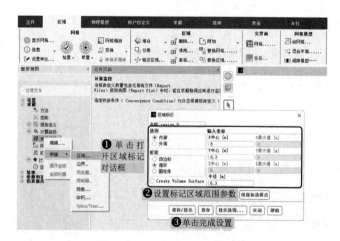

图 7-43 点火区域标记设置

5．设置流场初始化

（1）进行流场初始化设置，如图 7-44 所示。

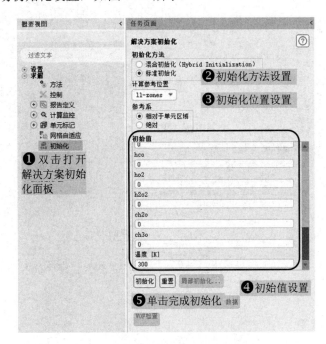

图 7-44　流场初始化设置

（2）在（1）的设置对话框中，单击局部初始化进行修补设置，如图 7-45 所示。

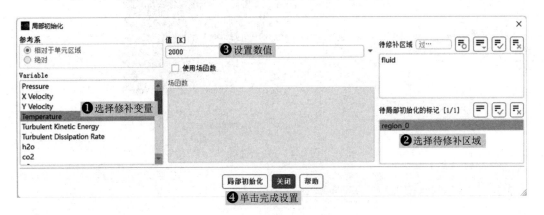

图 7-45　局部初始化设置

6．迭代计算

进行运行计算设置，如图 7-46 所示。

注：仿真过程可以将时间步长减少为 0.00005 s 进行计算。

计算得到残差曲线如图 7-47 所示。

图 7-46 运行计算设置

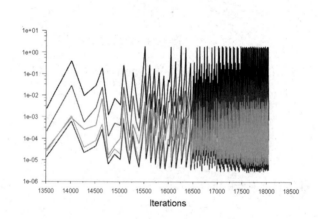

图 7-47 残差曲线

7.2.4 计算结果后处理及分析

1．压力云图显示

进行压力云图显示设置，如图 7-48 所示。显示计算区域的压力云图，如图 7-49 所示。

2．速度云图显示

进行速度云图显示设置，如图 7-50 所示。显示计算区域的速度云图，如图 7-51 所示。

第7章 组份传输与燃烧模型的数值模拟

图 7-48 压力云图显示设置

图 7-49 压力云图

图 7-50 速度云图显示设置

图 7-51 速度云图

3. 温度云图显示

进行温度云图显示设置，如图 7-52 所示。显示计算区域的温度云图，如图 7-53 所示。

图 7-52　温度云图显示设置

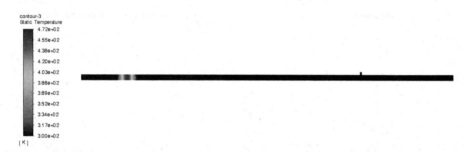

图 7-53　温度云图

7.3　燃气炉内燃气燃烧模拟分析

7.3.1　案例简介

本案例是应用非预混反应模型对燃气炉内燃气的燃烧过程进行数值模拟，模型如图 7-54 所示。

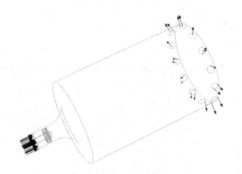

图 7-54　仿真几何模型

7.3.2 Fluent 求解计算设置

1. 启动Fluent-3D

在 Workbench 平台启动 Fluent，Fluent 启动界面及设置如图 7-55 所示。

图 7-55　Fluent 启动界面及设置

2. 读入并检查网格

（1）导入网格，如图 7-56 所示。

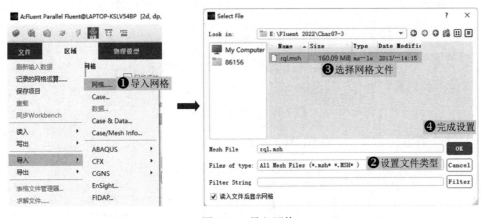

图 7-56　导入网格

（2）进行网格信息查看及网格质量检查，如图 7-57 所示。

> **提示**：查看最小体积和最小面积是否为负数，如出现负数就说明网格有错误，需重新调整并划分网格。

3. 求解器参数设置

（1）进行通用设置，如图7-58所示。

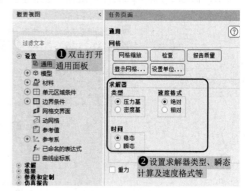

图 7-57　网格检查　　　　　图 7-58　通用设置

（2）进行粘性模型设置，如图7-59所示。

图 7-59　粘性模型设置

（3）进行能量方程设置，如图7-60所示。

图 7-60　能量方程设置

（4）进行辐射模型设置，如图7-61所示。

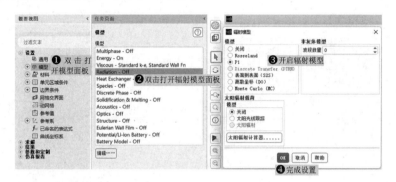

图7-61 辐射模型设置

（5）进行非预混燃烧模型设置，如图7-62所示。

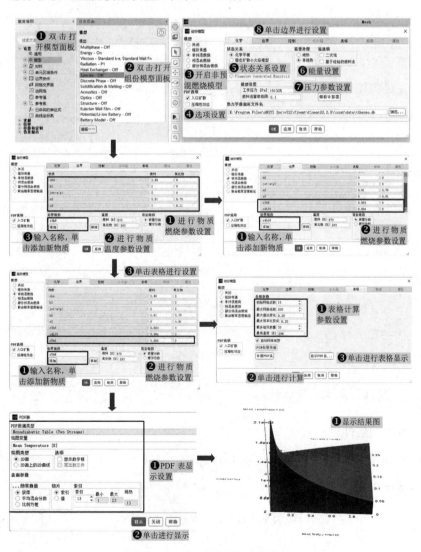

图7-62 非预混燃烧模型设置

（6）进行 PDF 文件保存设置，如图 7-63 所示。

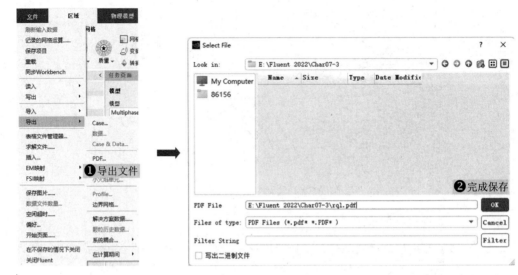

图 7-63　PDF 文件保存

4．定义材料物性

进行反应材料设置，如图 7-64 所示。

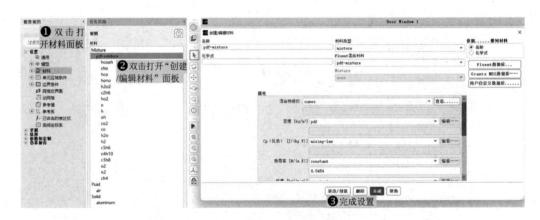

图 7-64　材料设置

 本案例不需要进行材料属性修改。

5．设置区域条件

进行计算单元区域参数设置，如图 7-65 所示。

6．设置边界条件

（1）进行 in_air 空气入口边界条件设置，如图 7-66 所示。

图 7-65　单元区域参数设置

图 7-66　空气入口边界条件设置

（2）进行 in_ch 燃气入口边界条件设置，如图 7-67 所示。

图 7-67　燃气入口边界条件设置

（3）进行压力出口边界条件设置，如图 7-68 所示。

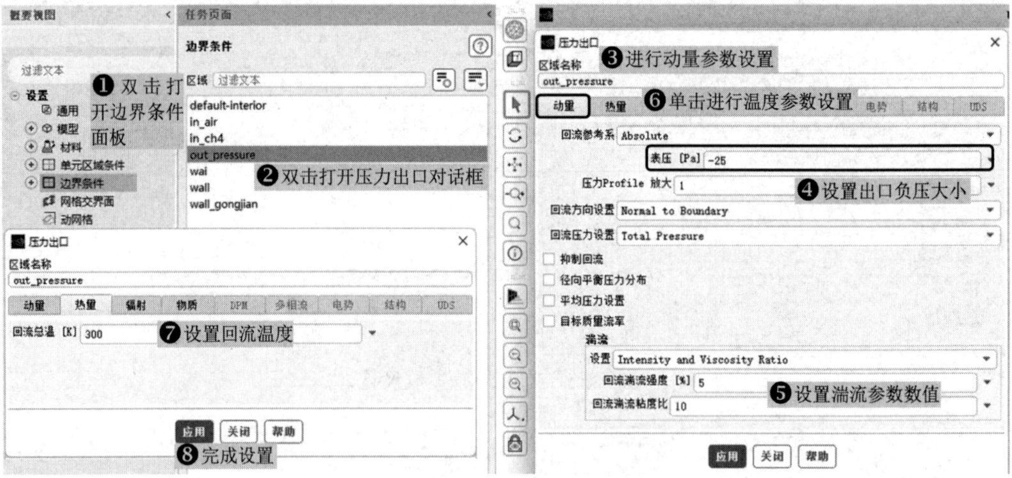

图 7-68 压力出口边界条件设置

7.3.3 求解计算

1．求解方法参数

进行求解方法参数设置，如图 7-69 所示。

图 7-69 求解方法参数设置

2. 设置亚松弛因子

进行亚松弛因子设置,如图 7-70 所示。

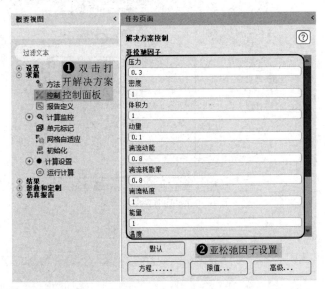

图 7-70 亚松弛因子设置

3. 设置收敛临界值

进行收敛残差值设置,如图 7-71 所示。

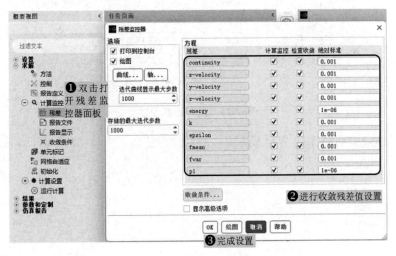

图 7-71 收敛残差值设置

4. 设置流场初始化

进行流场初始化设置,如图 7-72 所示。

5. 迭代计算

进行运行计算设置,如图 7-73 所示。

图 7-72 流场初始化设置

图 7-73 运行计算设置

计算得到残差曲线如图 7-74 所示。

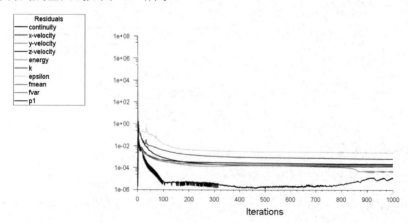

图 7-74 残差曲线

7.3.4 计算结果后处理及分析

1. 创建分析截面

创建 x=0 分析截面设置，如图 7-75 所示。

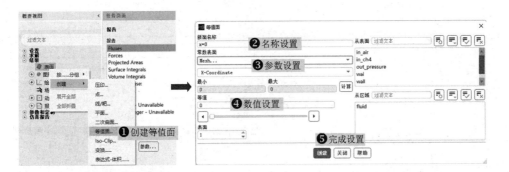

图 7-75 x=0 分析截面设置

2. x=0 截面速度云图显示

进行 x=0 截面速度云图显示设置，如图 7-76 所示。显示计算区域的速度云图，如图 7-77 所示。

图 7-76 速度云图显示设置

图 7-77 速度云图

3. x=0 截面温度云图显示

进行 x=0 截面温度云图显示设置,如图 7-78 所示。显示计算区域的温度云图,如图 7-79 所示。

图 7-78 温度云图显示设置

图 7-79 温度云图

7.4 本章小结

本章通过三个实例对组份输送模型进行了详细讲解。通过本章的学习,读者可以掌握使用组份输送模型进行污染物扩散、爆炸及气体燃烧等模拟分析的基本操作步骤,并根据实际情况设置不同的燃烧模型。

气动噪声模型的数值模拟

　　气动噪声的生成和传播可以通过求解可压 NS 方程的方式进行数值模拟。然而与流场流动的能量相比，声波的能量要小几个数量级，客观上要求气动噪声计算所采用的格式应有很高的精度，同时从音源到声音测试点划分的网格也要足够精细，因此进行直接模拟对系统资源的要求很高，而且计算时间也很长。为了弥补直接模拟的这个缺点，可以采用 Lighthill 的声学近似模型，即将声音的产生与传播过程分别进行计算，从而达到加快计算速度的目的。本章将通过圆柱外气动噪声实例来介绍 Fluent 进行气动噪声模拟的工作步骤。

学习目标

- 掌握离散化方法设置；
- 掌握边界条件的设置；
- 掌握气动噪声模型的设置。

8.1 圆柱外气动噪声模拟分析

8.1.1 案例简介

如图 8-1 所示，圆柱中来流流速为 59.2 m/s，请用 ANSYS Fluent 计算分析圆柱外气动噪声的情况。

图 8-1 几何模型

8.1.2 Fluent 求解计算设置

1. 启动Fluent-2D

在 Workbench 平台启动 Fluent，Fluent 启动界面及设置如图 8-2 所示。

图 8-2 Fluent 启动界面及设置

第 8 章 气动噪声模型的数值模拟

2．读入并检查网格

（1）导入网格，如图 8-3 所示。

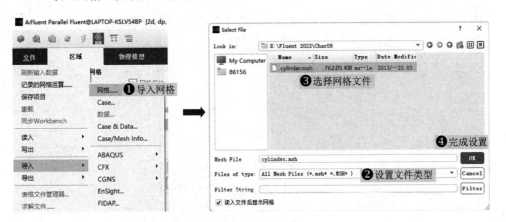

图 8-3　导入网格

（2）进行网格信息查看及网格质量检查，如图 8-4 所示。

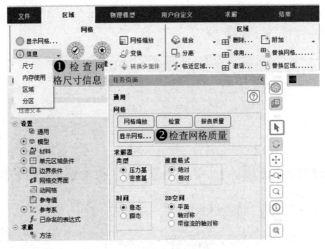

图 8-4　网格检查

（3）进行网格尺寸修改，如图 8-5 所示。

图 8-5　网格尺寸修改

3．求解器参数设置

（1）进行通用设置，如图 8-6 所示。

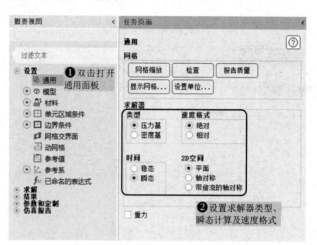

图 8-6　通用设置

（2）启动大涡模型，在文本信息框中输入"(rpsetvar 'les-2d? #t)"命令，并在键盘上单击 Enter 键确认，如图 8-7 所示。

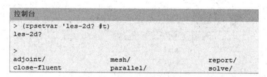

图 8-7　启动大涡模型设置

 大涡模型在湍流模型中默认是不启动的，需要输入命令来调用。

（3）进行粘性模型设置，如图 8-8 所示。

图 8-8　粘性模型设置

第8章 气动噪声模型的数值模拟

4. 定义材料物性

进行材料设置，如图8-9所示。

图8-9 材料设置

本案例不需要进行材料属性修改。

5. 设置边界条件

（1）进行入口边界条件设置，如图8-10所示。

图8-10 入口边界条件设置

（2）进行出口边界条件设置，如图8-11所示。

图8-11 出口边界条件设置

8.1.3 求解计算

1．求解方法参数

进行求解方法参数设置，如图 8-12 所示。

图 8-12 求解方法参数设置

2．设置亚松弛因子

进行亚松弛因子设置，如图 8-13 所示。

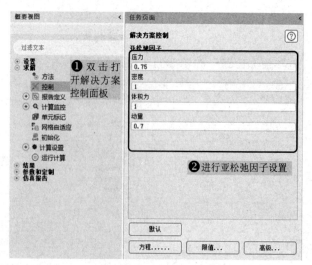

图 8-13 亚松弛因子设置

3．设置收敛临界值

进行收敛残差值设置，如图 8-14 所示。

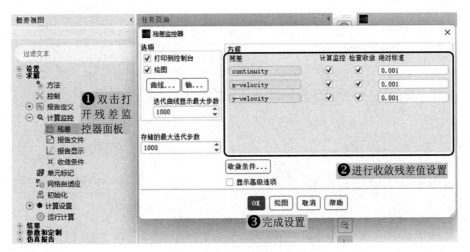

图 8-14　收敛残差值设置

4．设置流场初始化

进行流场初始化设置，如图 8-15 所示。

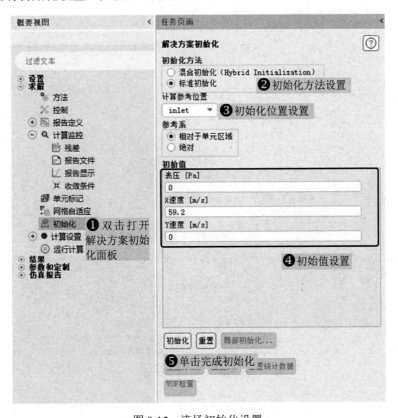

图 8-15　流场初始化设置

5. 参考值设置

进行参考值设置，如图 8-16 所示。

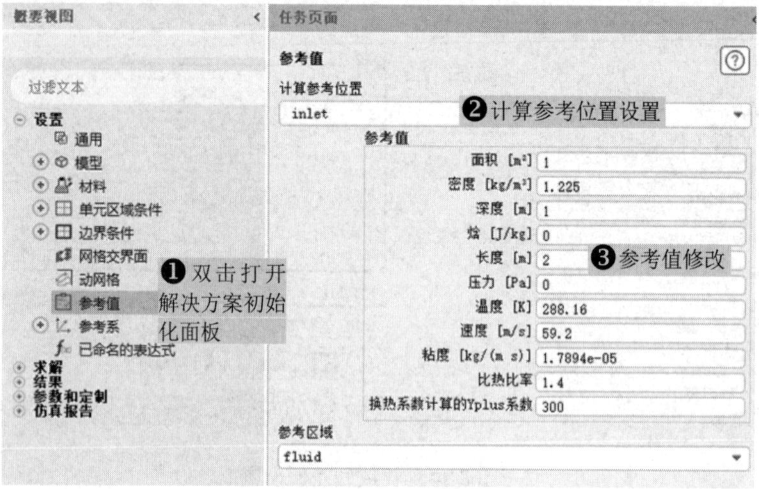

图 8-16 参考值设置

6. 迭代计算

进行运行计算设置，如图 8-17 所示。

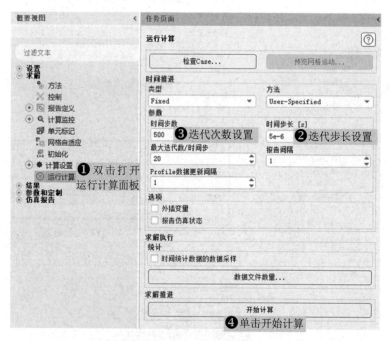

图 8-17 运行计算设置

计算残差曲线如图 8-18 所示。

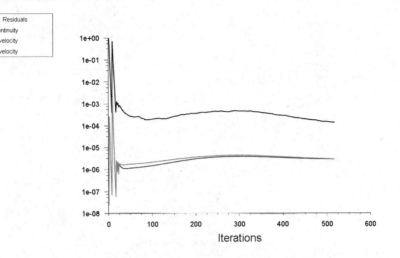

图 8-18 残差曲线

 对于气动噪声模型分析，建议先进行流场计算，再开启声学模型进行计算分析。

8.1.4 声学模型设置

进行声学模型设置，如图 8-19 所示。

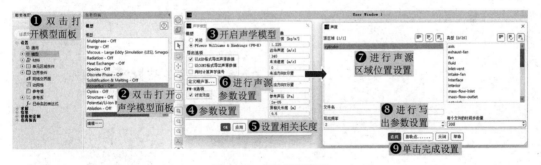

图 8-19 声学模型设置

8.1.5 求解计算

1. 迭代计算

进行运行计算设置，如图 8-20 所示。

图 8-20 运行计算设置

> 开启气动噪声模型后，不需要初始化，直接计算即可。

计算得到残差曲线如图 8-21 所示。

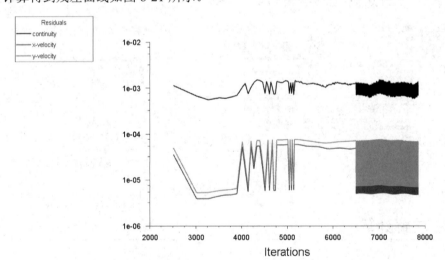

图 8-21 残差曲线

2. 声学文件保存设置

声学文件保存设置如图 8-22 所示。

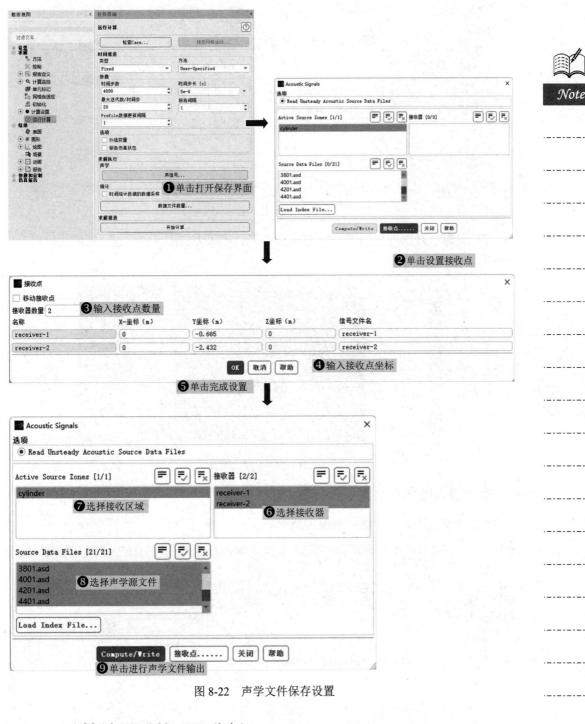

图 8-22 声学文件保存设置

8.1.6 计算结果后处理及分析

1. 压力云图显示

进行压力云图显示设置,如图 8-23 所示。

图 8-23 压力云图显示设置

显示计算区域的压力云图,如图 8-24 所示。由压力云图可以看出,圆柱四周存在压力较低区域。

图 8-24 压力云图

2. 速度云图显示

进行速度云图显示设置,如图 8-25 所示。

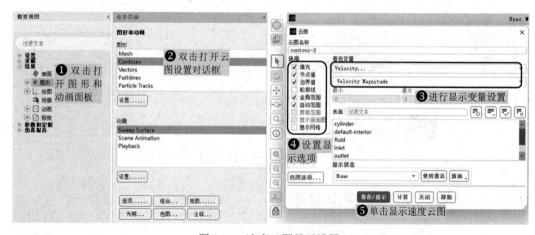

图 8-25 速度云图显示设置

显示的速度云图如图 8-26 所示,由速度云图可以看出,气体流经圆柱后发生脱离现象。

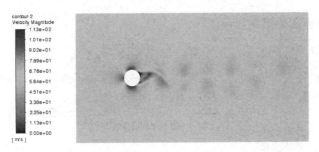

图 8-26 速度云图

3. 气动噪声曲线显示

进行气动噪声声压曲线显示设置,如图 8-27 所示。

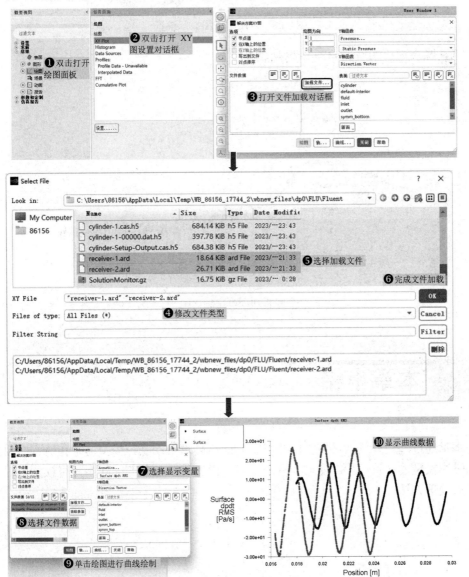

图 8-27 噪声声压曲线显示设置

4. 气动噪声声压频谱图显示

进行气动噪声声压频谱图显示设置，如图 8-28 所示。

图 8-28　声压频谱图显示设置

气动噪声声压频谱图如图 8-29 所示。

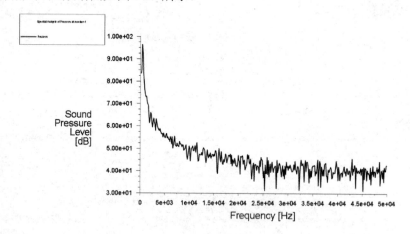

图 8-29　声压频谱图

8.2　本章小结

本章通过圆柱外气动噪声实例介绍了 Fluent 处理气动噪声模拟的工作流程，讲解了气动噪声模型的计算过程。通过本章的学习，读者可以掌握 Fluent 中噪声模型的设置及结果后处理方法。

第 9 章

动网格问题的数值模拟

本章将重点介绍 Fluent 中的动网格模型,通过本章的学习,读者能掌握计算区域中包含物体运动的数值模拟,进而对流固耦合问题有一定了解,并且能够解决其中的简单问题。

学习目标

- 掌握动网格模型的具体设置;
- 掌握 Profile 定义运动特性的方法;
- 掌握动网格问题边界条件的设置方法;
- 掌握动网格问题计算结果的后处理及分析方法。

9.1 两车交会过程的模拟分析

9.1.1 案例简介

本案例对两个高速运动的长方形物体（汽车）交会错车时的速度场和压力场进行数值模拟，计算区域长 10 m，宽 5 m，两个长方形物体长 4 m、宽 1.5 m，两物体横向和纵向间距均为 0.5 m，运动速度均为 55 m/s，运动方向相反，如图 9-1 所示。

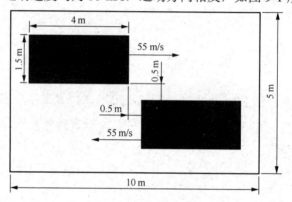

图 9-1　交会错车模型

9.1.2 Fluent 求解计算设置

1. 启动Fluent-2D

在 Workbench 平台启动 Fluent，Fluent 启动界面及设置如图 9-2 所示。

图 9-2　Fluent 启动界面及设置

2．读入并检查网格

（1）导入网格，如图 9-3 所示。

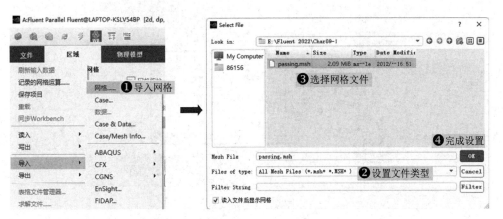

图 9-3　导入网格

（2）进行网格信息查看及网格质量检查，如图 9-4 所示。

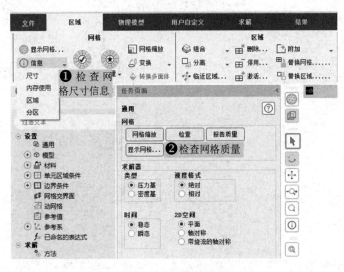

图 9-4　网格检查

3．设置求解器参数

（1）进行通用设置，如图 9-5 所示。
（2）进行粘性模型设置，如图 9-6 所示。

4．定义材料物性

进行材料设置，如图 9-7 所示。

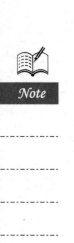

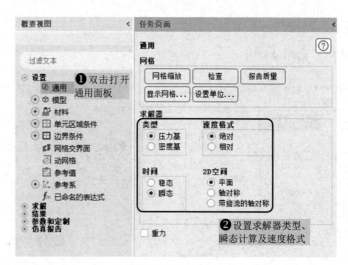

图 9-5 通用设置

图 9-6 粘性模型设置

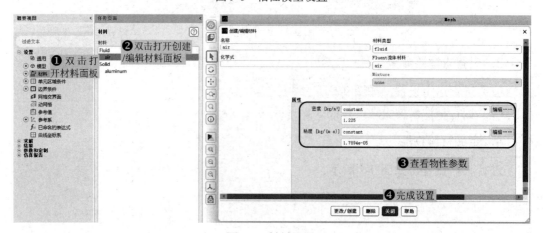

图 9-7 材料设置

Fluent 中的默认流体材料为空气，所以本例无须修改。

5. 设置区域条件

Fluid 单元区域材料属性设置，如图 9-8 所示。

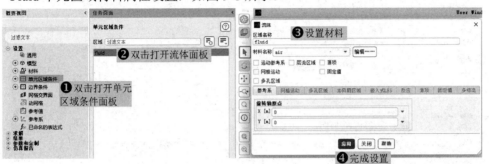

图 9-8　单元区域材料属性设置

6. 设置边界条件

（1）进行入口边界条件设置，如图 9-9 所示。

图 9-9　入口边界条件设置

（2）进行出口边界条件设置，如图 9-10 所示。

图 9-10　出口边界条件设置

7. 导入Profiles文件

将已经编写好的 Profiles 文件导入，如图 9-11 所示。

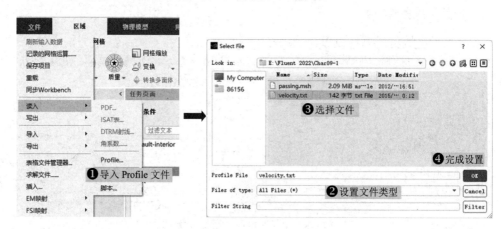

图 9-11　导入 Profiles 文件

8. 设置动网格

（1）进行动网格方法参数设置，如图 9-12 所示。

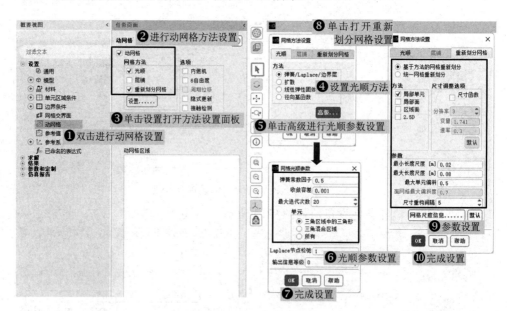

图 9-12　动网格方法设置

（2）进行 left 物体运动设置，如图 9-13 所示。

（3）进行 right 物体运动设置，如图 9-14 所示。

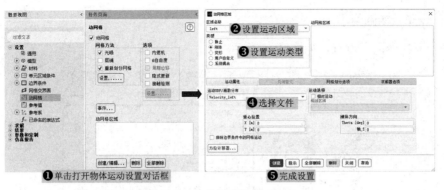

图 9-13　物体运动设置（一）

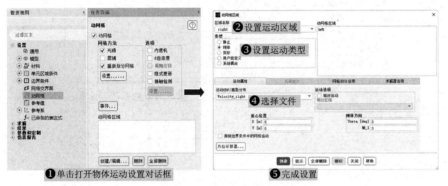

图 9-14　物体运动设置（二）

9.1.3　求解计算

1．求解方法参数

进行求解方法参数设置，如图 9-15 所示。

图 9-15　求解方法参数设置

2．设置亚松弛因子

进行亚松弛因子设置，如图 9-16 所示。

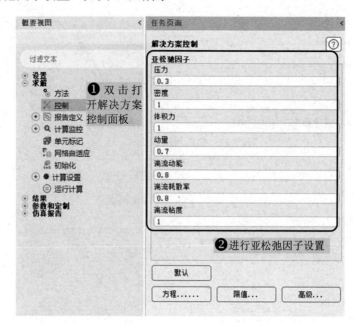

图 9-16　亚松弛因子设置

3．设置收敛临界值

进行收敛残差值设置，如图 9-17 所示。

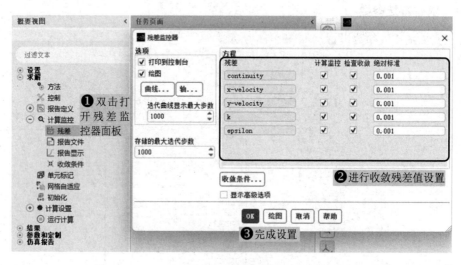

图 9-17　收敛残差值设置

4．设置流场初始化

进行流场初始化设置，如图 9-18 所示。

第 9 章 动网格问题的数值模拟

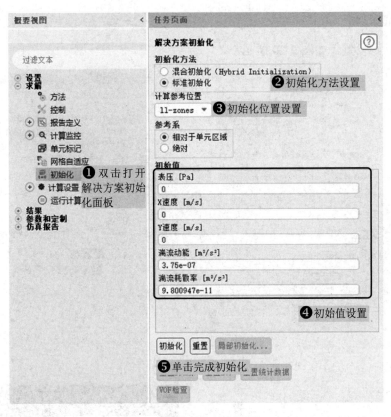

图 9-18 流场初始化设置

5．自动保存设置

计算过程中需要设置自动保存计算结果，设置如图 9-19 所示。

图 9-19 自动保存设置

6. 动画设置

进行动画设置,如图 9-20 所示。

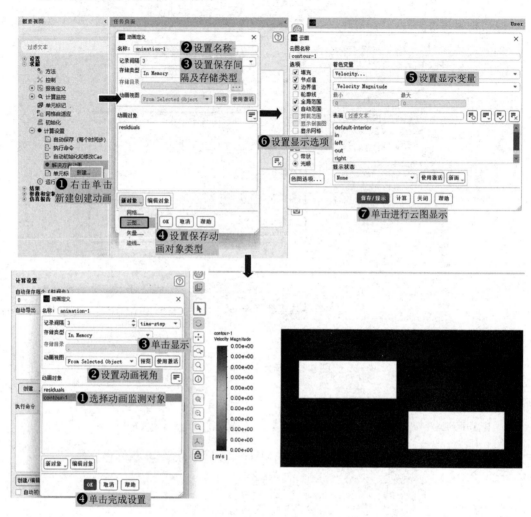

图 9-20 动画设置

7. 迭代计算

进行运行计算设置,如图 9-21 所示。

 时间步长可以根据实际需求进行调整,如关注比较小的时间步长内的变化,则可以将时间步长减小。

计算得到残差图如图 9-22 所示。

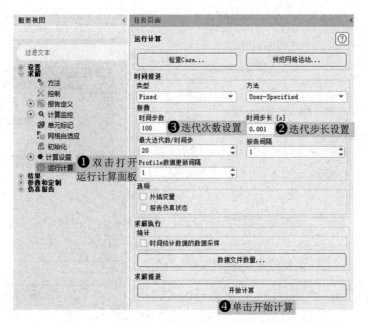

图 9-21　运行计算设置

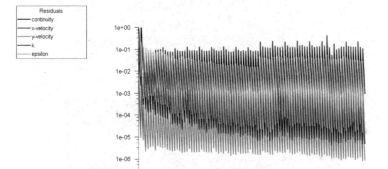

图 9-22　残差图

9.1.4　计算结果后处理及分析

1. 显示及保存动画

进行动画显示设置，如图 9-23 所示。

2. 压力云图显示

进行压力云图显示设置，如图 9-24 所示。显示计算区域的压力云图，如图 9-25 所示。

3. 速度云图显示

进行速度云图显示设置，如图 9-26 所示。

图 9-23 动画显示设置

图 9-24 压力云图显示设置

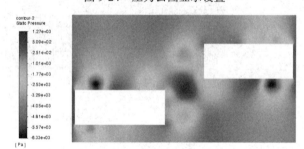

图 9-25 压力云图

图 9-26 速度云图显示设置

显示的速度云图如图 9-27 所示。

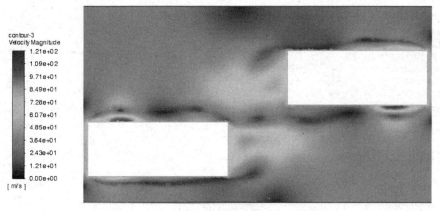

图 9-27　速度云图

4. 速度矢量云图显示

进行速度矢量云图显示设置，如图 9-28 所示。显示计算区域的速度矢量云图，如图 9-29 所示。

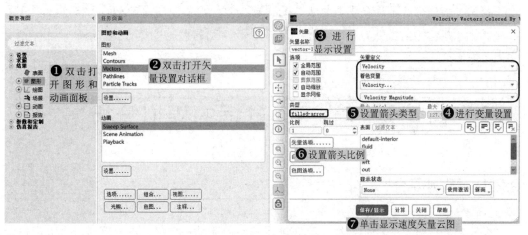

图 9-28　速度矢量云图显示设置

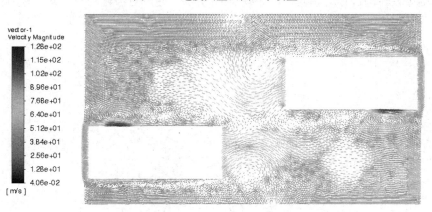

图 9-29　速度矢量云图

5. 读取其他时刻结果分析

进行其他时刻自动保存的结果分析，如图 9-30 所示。

图 9-30　不同时刻保存的结果导入

进行其他时刻自动保存的结果分析时，需要先保存当前的 Fluent 计算结果。即先退出 Fluent 及 Workbench 后，再重新打开 Fluent 软件进行导入，否则会出现部分计算结果数据丢失的情况。此外，由于不同时刻的网格不一致，因此导入数据的同时也需要导入对应时刻的 case 文件。

9.2　齿轮泵内部运动过程的模拟分析

9.2.1　案例简介

齿轮泵的内部动态模拟有助于真实地反映泵内流动的变化，本案例对一个大齿轮带动两个小齿轮转动进行动态模拟，如图 9-31 所示。通过对齿轮动态过程进行数值模拟，得到齿轮泵内的速度场和压力场的计算结果，并对结果进行分析说明。

图 9-31　齿轮模型

9.2.2　Fluent 求解计算设置

1．启动 Fluent-2D

在 Workbench 平台启动 Fluent，Fluent 启动界面及设置如图 9-32 所示。

图 9-32　Fluent 启动界面及设置

2．读入并检查网格

（1）导入网格，如图 9-33 所示。

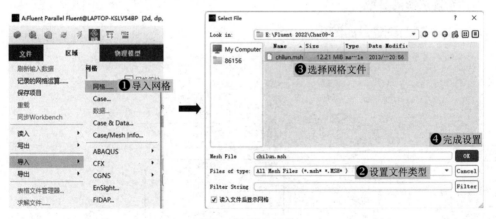

图 9-33　导入网格

（2）进行网格信息查看及网格质量检查，如图 9-34 所示。
（3）进行网格尺寸修改，如图 9-35 所示。

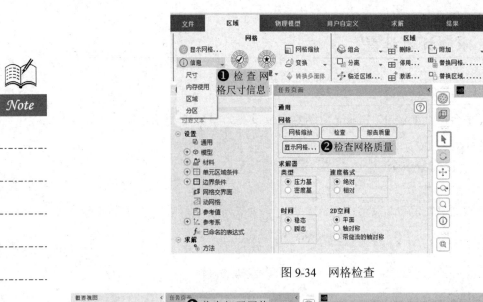

图 9-34 网格检查

图 9-35 网格尺寸修改

3．设置求解器参数

（1）进行通用设置，如图 9-36 所示。

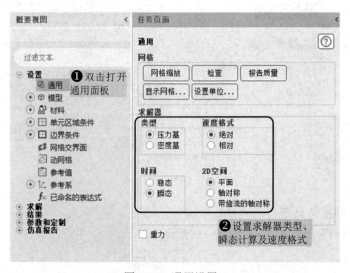

图 9-36 通用设置

（2）进行粘性模型设置，如图 9-37 所示。

图 9-37　粘性模型设置

4．定义材料物性

进行材料设置，如图 9-38 所示。

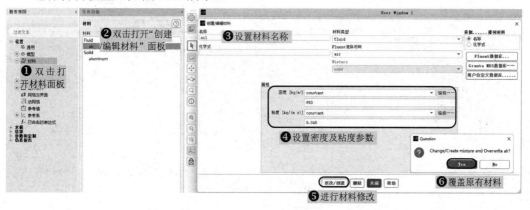

图 9-38　材料设置

5．设置区域条件

Fluid 单元区域材料属性设置，如图 9-39 所示。

图 9-39　单元区域材料属性设置

6. 设置边界条件

（1）进行入口边界条件设置，如图 9-40 所示。

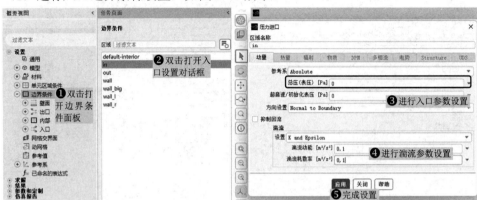

图 9-40　入口边界条件设置

（2）进行出口边界条件设置，如图 9-41 所示。

图 9-41　出口边界条件设置

7. 导入 Profiles 文件

（1）将已经编写好的 Profiles 文件（biggear.txt）导入，如图 9-42 所示。

图 9-42　导入 Profiles 文件（一）

（2）将已经编写好的 Profiles 文件（small1.txt）导入，如图 9-43 所示。

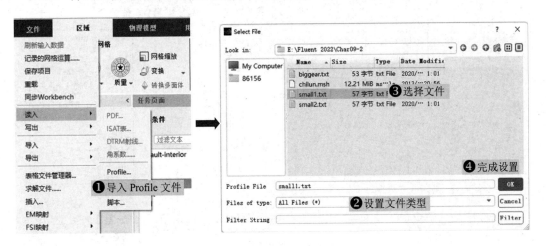

图 9-43　导入 Profiles 文件（二）

（3）将已经编写好的 Profiles 文件（small2.txt）导入，如图 9-44 所示。

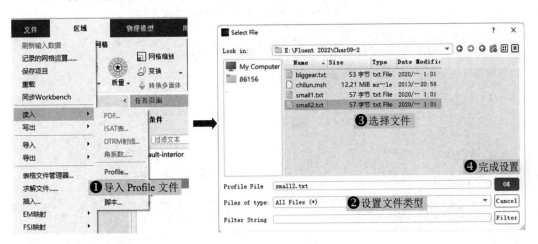

图 9-44　导入 Profiles 文件（三）

8．设置动网格

（1）进行动网格方法参数设置，如图 9-45 所示。
（2）进行左侧齿轮 wall_l 运动设置，如图 9-46 所示。
（3）进行右侧齿轮 wall_r 运动设置，如图 9-47 所示。
（4）进行中间齿轮 wall_big 运动设置，如图 9-48 所示。

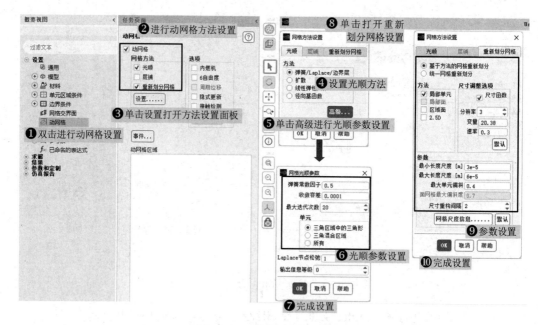

图 9-45 动网格方法参数设置

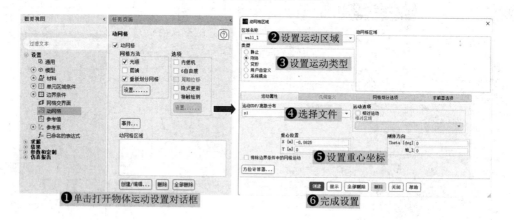

图 9-46 运动设置（一）

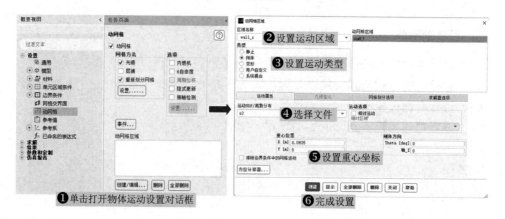

图 9-47 运动设置（二）

第 9 章 动网格问题的数值模拟

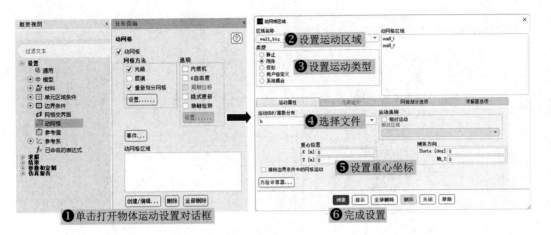

图 9-48 运动设置（三）

9.2.3 求解计算

1. 求解方法参数

进行求解方法参数设置，如图 9-49 所示。

图 9-49 求解方法参数设置

2. 设置亚松弛因子

进行亚松弛因子设置，如图 9-50 所示。

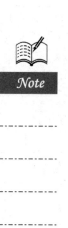

图 9-50 亚松弛因子设置

3. 设置收敛临界值

进行收敛残差值设置,如图 9-51 所示。

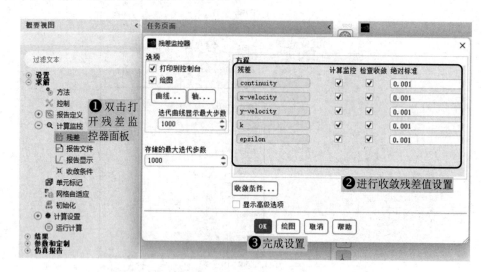

图 9-51 收敛残差值设置

4. 设置流场初始化

进行流场初始化设置,如图 9-52 所示。

5. 自动保存设置

计算过程中需要自动保存计算结果,设置如图 9-53 所示。

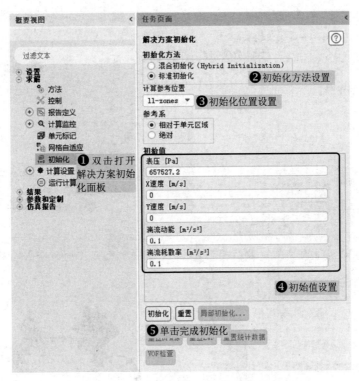

图 9-52　流场初始化设置

图 9-53　自动保存设置

6．动画设置

进行动画设置，如图 9-54 所示。

7．迭代计算

进行运行计算设置，如图 9-55 所示。

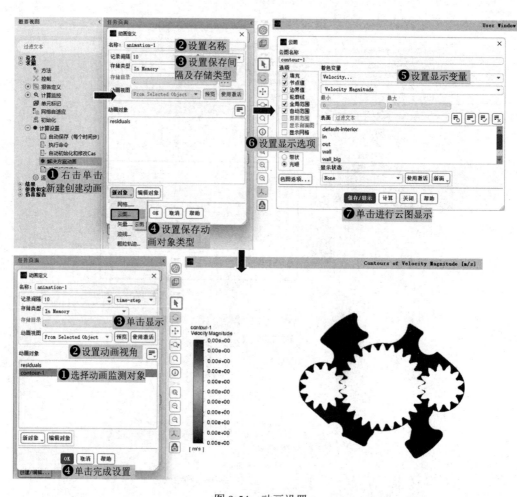

图 9-54 动画设置

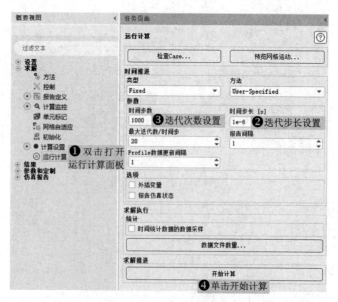

图 9-55 运行计算设置

时间步长及迭代步数可以根据实际需求进行调整，如关注比较小的时间步长内的变化，则可以将时间步长减小；如关注比较长时间的变化，则需要将时间步长增大。

迭代 200 步后的计算残差图如图 9-56 所示。

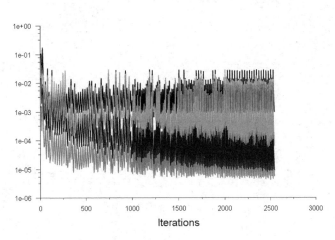

图 9-56 残差监视窗口图

9.2.4 计算结果后处理及分析

1．显示及保存动画

进行动画显示设置，如图 9-57 所示。

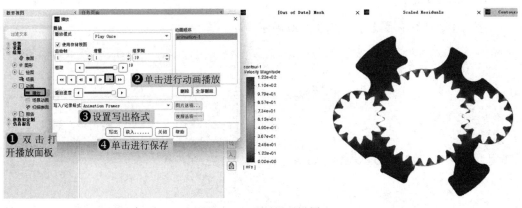

图 9-57 动画显示设置

2．压力云图显示

进行压力云图显示设置，如图 9-58 所示。显示计算区域的压力云图，如图 9-59 所示。

图 9-58　压力云图显示设置

图 9-59　压力云图

3. 速度云图显示

进行速度云图显示设置，如图 9-60 所示。

图 9-60　速度云图显示设置

显示的速度云图如图 9-61 所示。

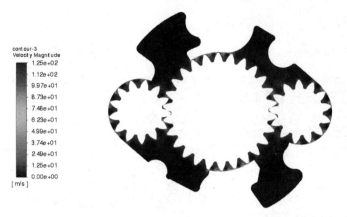

图 9-61　速度云图

4. 速度矢量云图显示

进行速度矢量云图显示设置,如图 9-62 所示。显示计算区域的速度矢量云图,如图 9-63 所示。

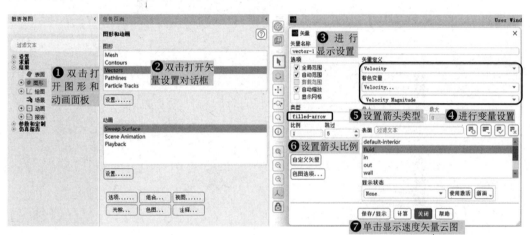

图 9-62　速度矢量云图显示设置

图 9-63　速度矢量云图

5. 流线图显示

进行流线图显示设置，如图9-64所示。显示计算区域的流线云图，如图9-65所示。

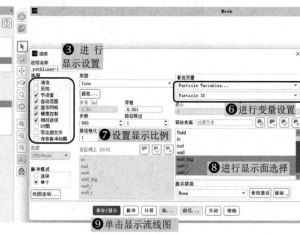

图9-64 流线图显示设置

图9-65 流线云图

9.3 高温铁块移动冷却过程的模拟分析

9.3.1 案例简介

长宽均为1 m的正方形高温铁块，以5 m/s的速度向右运动，计算区域下方有冷空气吹入对铁块进行冷却，速度为10 m/s，右侧为空气出口，如图9-66所示。通过对运动物体强制对流换热过程进行数值模拟，计算出铁块表面强制对流换热的系数和冷却时间。

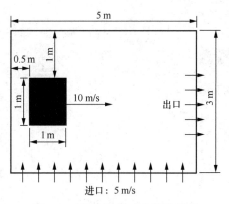

图 9-66 运动物体对流换热模型

9.3.2 Fluent 求解计算设置

1．启动Fluent-2D

在 Workbench 平台启动 Fluent，Fluent 启动界面及设置如图 9-67 所示。

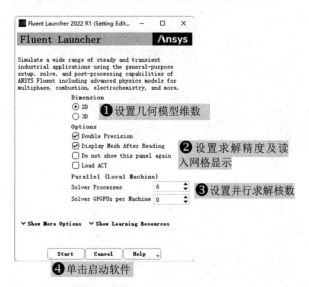

图 9-67 Fluent 启动界面及设置

2．读入并检查网格

（1）导入网格，如图 9-68 所示。

（2）进行网格信息查看及网格质量检查，如图 9-69 所示。

3．设置求解器参数

（1）进行通用设置，如图 9-70 所示。

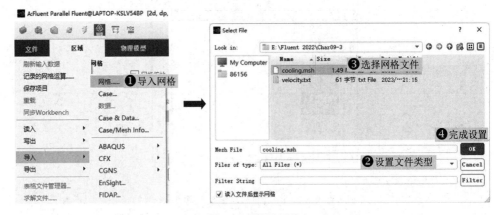

图 9-68 导入网格

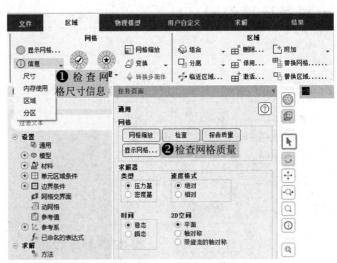

图 9-69 网格检查

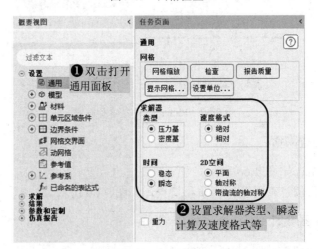

图 9-70 通用设置

（2）进行粘性模型设置，如图 9-71 所示。

第 9 章 动网格问题的数值模拟

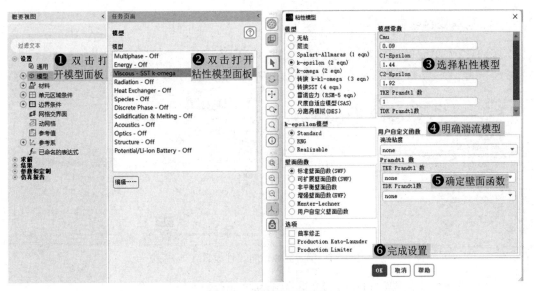

图 9-71 粘性模型设置

（3）进行能量方程设置，如图 9-72 所示。

图 9-72 能量方程设置

4．定义材料物性

进行铁块材料设置，如图 9-73 所示。

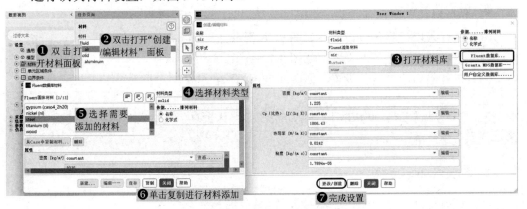

图 9-73 材料设置

5. 设置区域条件

（1）空气单元区域材料属性设置，如图 9-74 所示。

图 9-74　单元区域材料属性设置（一）

（2）金属单元区域材料属性设置，如图 9-75 所示。

图 9-75　单元区域材料属性设置（二）

6. 设置边界条件

（1）进行入口边界条件设置，如图 9-76 所示。
（2）进行壁面边界条件设置，如图 9-77 所示。
（3）进行出口边界条件设置，如图 9-78 所示。

针对设置的 outflow 边界条件类型，默认出口流速加权系数为 1，即进出口流量一致。

7. 导入 Profiles 文件

将已经编写好的 Profiles 文件导入，如图 9-79 所示。

图 9-76　入口边界条件设置

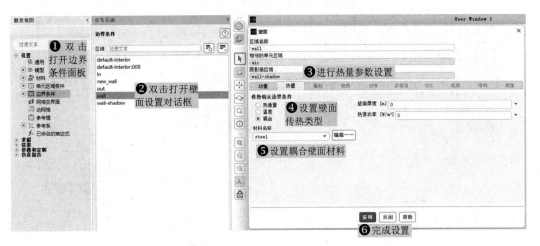

图 9-77　壁面边界条件设置

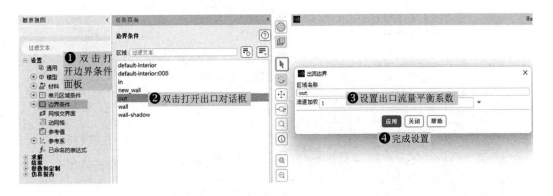

图 9-78　出口边界条件设置

8．设置动网格

（1）进行动网格方法参数设置，如图 9-80 所示。

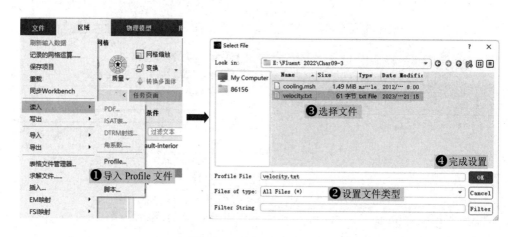

图 9-79　导入 Profiles 文件

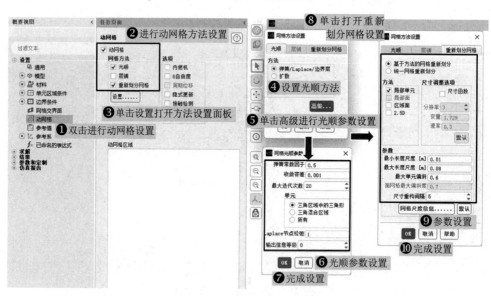

图 9-80　动网格方法设置

（2）进行 steel 物体运动设置，如图 9-81 所示。

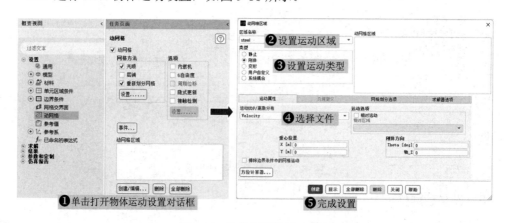

图 9-81　物体运动设置（一）

（3）进行壁面运动设置，如图9-82所示。

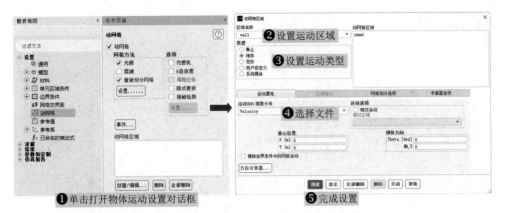

图 9-82　物体运动设置（二）

9.3.3　求解计算

1．求解方法参数

进行求解方法参数设置，如图9-83所示。

图 9-83　求解方法参数设置

2. 设置亚松弛因子

进行亚松弛因子设置，如图 9-84 所示。

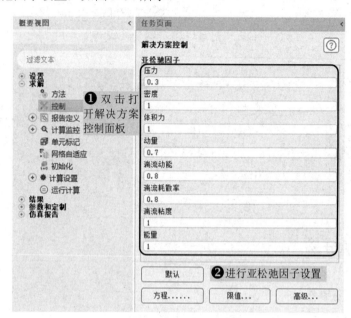

图 9-84　亚松弛因子设置

3. 设置收敛临界值

进行收敛残差值设置，如图 9-85 所示。

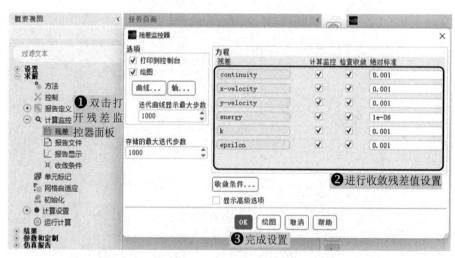

图 9-85　收敛残差值设置

4. 设置流场初始化

（1）进行流场初始化设置，如图 9-86 所示。

第 9 章 动网格问题的数值模拟

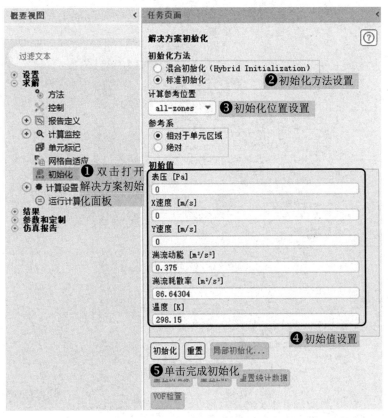

图 9-86 流场初始化设置

（2）在（1）的设置对话框中，单击局部初始化对铁块初始温度进行修补设置，如图 9-87 所示。

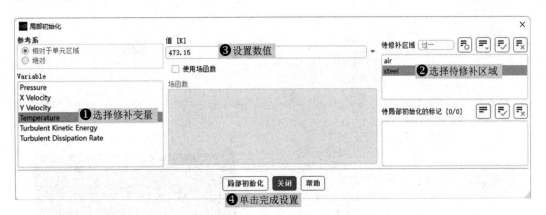

图 9-87 局部初始化设置

5．自动保存设置

计算过程中需要自动保存计算结果，设置如图 9-88 所示。

图 9-88 自动保存设置

6. 动画设置

进行温度场变化动画设置，如图 9-89 所示。

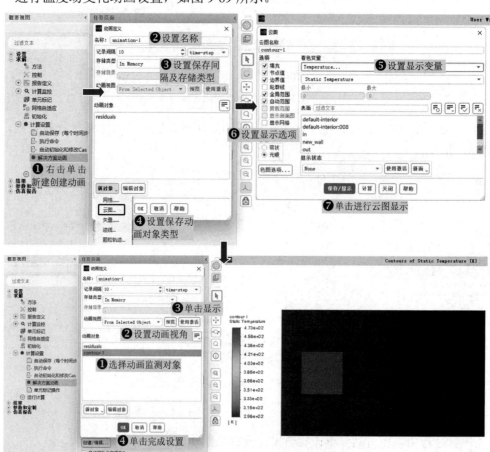

图 9-89 动画设置

动画保存的记录间隔是基于后续分析来确定的，如间隔选择越小，则动画捕捉的特征越多。

7．迭代计算

进行运行计算设置，如图 9-90 所示。

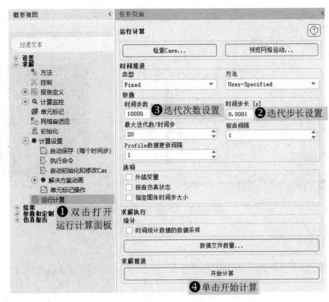

图 9-90 运行计算设置

 时间步长及迭代步数可以根据实际需求进行调整，如关注比较小的时间步长内的变化，则可以将时间步长减小；如关注比较长时间的变化，则需要将时间步长增大。

迭代 7000 步后的计算残差图如图 9-91 所示。

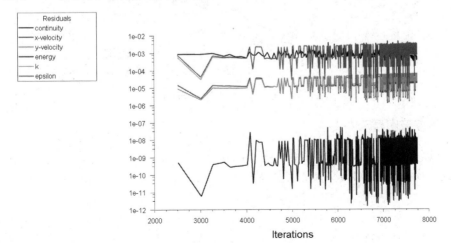

图 9-91 残差图

9.3.4 计算结果后处理及分析

1. 显示及保存动画

进行动画显示设置，如图 9-92 所示。

图 9-92 动画显示设置

2. 压力云图显示

进行压力云图显示设置，如图 9-93 所示。显示计算区域的压力云图，如图 9-94 所示。

图 9-93 压力云图显示设置

3. 速度云图显示

进行速度云图显示设置，如图 9-95 所示。
显示的速度云图如图 9-96 所示。

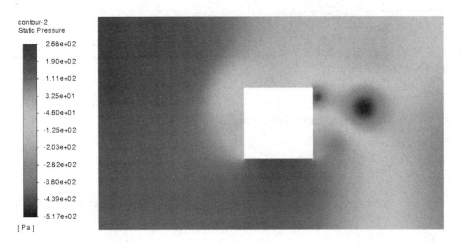

图 9-94　压力云图

图 9-95　速度云图显示设置

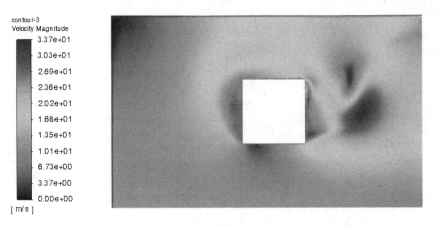

图 9-96　速度云图

4．温度云图显示

进行温度云图显示设置，如图 9-97 所示。

图 9-97 温度云图显示设置

显示的温度云图如图 9-98 所示。

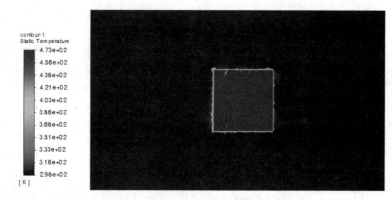

图 9-98 温度云图

5. 速度矢量云图显示

进行速度矢量云图显示设置，如图 9-99 所示。显示计算区域的速度矢量云图，如图 9-100 所示。

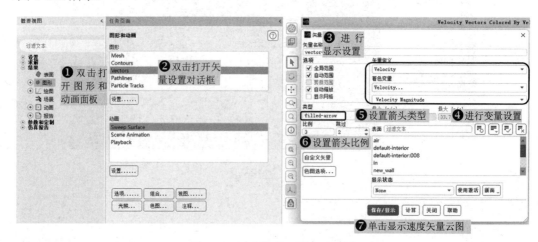

图 9-99 速度矢量云图显示设置

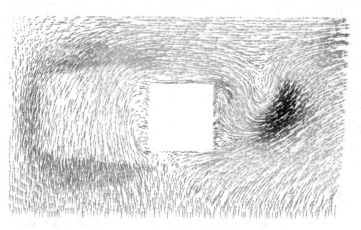

图 9-100 速度矢量云图

9.4 本章小结

本章通过 3 个实例对动网格求解的实际问题进行阐述,并对 Fluent 中动网格的更新方法进行讲解,特别是光顺模型和局部网格重构模型。通过本章的学习,读者可以掌握如何使用 Fluent 动网格模型进行仿真分析。此外,本章定义运动的 Profile 文件,也可以利用 UDF 编写程序来代替,计算结果是相同的。

第10章

UDF 基础应用分析

本章将介绍 UDF（用户自定义函数）的基本用法，并详细讲解 UDF 在物性参数修改及多孔介质中应用的基本思路。通过一些实例的应用和练习，能够进一步掌握 UDF 的基本用法及相关案例的基本操作过程。

学习目标

- 学会 Fluent 导入 UDF 文件的基本操作；
- 学会利用 UDF 对物性参数进行自定义的方法；
- 掌握利用 UDF 进行 Fluent 案例的求解方法。

10.1 液态金属在二维通道内流动过程模拟分析

本节将利用 Fluent 对液态金属在二维通道内流动过程进行数值模拟，其中，液态金属的黏性系数是与温度有关的一个物理量，本案例利用 UDF 函数对该物理量进行定义。

10.1.1 案例简介

图 10-1 所示为液态金属的流通模型示意图，流通通道中的壁面被分为两部分，其中 wall-2 的壁面温度为 280.5 K，wall-3 的壁面温度为 295.15 K，液态金属的黏性系数变化受两个壁面不同温度的影响。

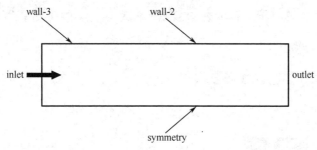

图 10-1 液态金属流通模型

通过 DEFINE_PROPERTY 在单元上定义一个名为 cell_viscosity 的函数，其中引入两个实变量，temp 为 C_T（cell, thread），mu 为层流黏性系数。根据计算得到的温度范围对 mu 进行计算，在函数结尾，计算得到的 mu 将会返回 Fluent 求解器。

液态金属的黏性系数与温度关系如公式 10-1 所示。

$$\mu = \begin{cases} 5.5 \times 10^{-3} & T > 288 \\ 143.2135 - 0.49725 & 286 \leq T \leq 288 \end{cases} \quad (10\text{-}1)$$

式中，T 代表流体温度，K；μ 代表分子黏性系数，kg/(m·s)。

10.1.2 Fluent 求解计算设置

1. 启动Fluent-2D

在 Workbench 平台启动 Fluent，Fluent 启动界面及设置如图 10-2 所示。

图 10-2　Fluent 启动界面及设置

 启动时不要选择双精度求解选项，主要原因是 UDF 文件编写方式受影响。

2. 读入并检查网格

（1）导入网格，如图 10-3 所示。

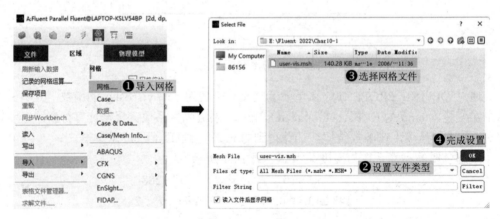

图 10-3　导入网格

（2）进行网格信息查看及网格质量检查，如图 10-4 所示。

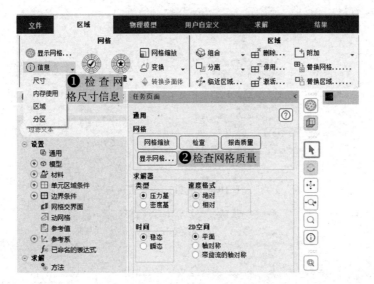

图 10-4　网格检查

3．设置求解器参数

（1）进行通用设置，如图 10-5 所示。

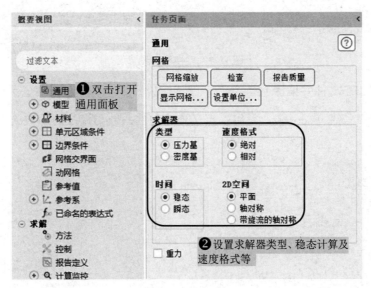

图 10-5　通用设置

（2）进行能量方程设置，如图 10-6 所示。
（3）进行粘性模型设置，如图 10-7 所示。

图 10-6　能量方程设置

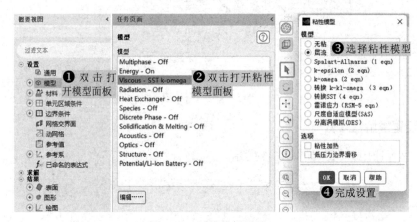

图 10-7　粘性模型设置

4．编写UDF文件并编译

（1）UDF 文件 viscosity.c 是用来定义分子黏性系数与温度的函数关系，编写代码如下：

```
#include "udf.h"
DEFINE_PROPERTY(user_vis, cell, thread)
{
  float temp, mu;
  temp = C_T(cell, thread);
  {
/* 如果温度高，则使用较小的常数黏性系数 */
  if (temp > 288.)
    mu = 5.5e-3;
  else if ( temp >= 286. )
    mu = 143.2135 - 0.49725 * temp;
  else
    mu = 1.0;
  }
  return mu;
}
```

(2)进行 UDF 文件导入设置,如图 10-8 示。

图 10-8 UDF 文件导入设置

指定"CPP 命令名称"的 CPP 前处理器。如果想使用 Fluent 软件所提供的而不是自己的 C 前处理器,则可以勾选"使用内置预处理器"复选框。在"堆栈尺寸"一栏中为默认值 10000,除非 UDF 中的局部变量会导致堆栈溢出,"堆栈尺寸"的数量应该设置得比局部变量数大才行。

5. 定义材料属性

进行材料属性设置,如图 10-9 所示。

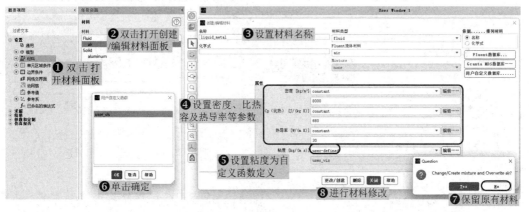

图 10-9 材料属性设置

6. 设置区域条件

单元区域材料属性设置,如图 10-10 所示。

图 10-10　单元区域材料属性设置

7. 设置边界条件

（1）进行速度入口边界条件设置，如图 10-11 所示。

图 10-11　入口边界条件设置

（2）进行压力出口边界条件设置，如图 10-12 所示。

图 10-12　出口边界条件设置

（3）进行 wall-2 壁面边界条件设置，如图 10-13 所示。

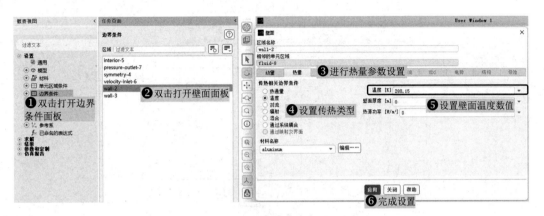

图 10-13　wall-2 壁面边界条件设置

（4）进行 wall-3 壁面边界条件设置，如图 10-14 所示。

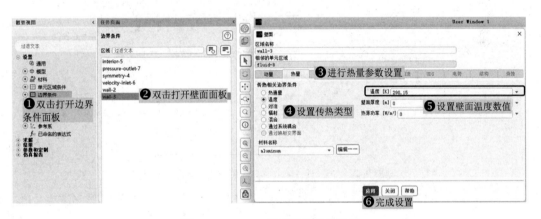

图 10-14　wall-3 壁面边界条件设置

10.1.3　求解计算

1．求解方法参数

进行求解方法参数设置，如图 10-15 所示。

2．设置亚松弛因子

进行亚松弛因子设置，如图 10-16 所示。

3．设置收敛临界值

进行收敛残差值设置，如图 10-17 所示。

图 10-15　求解方法参数设置

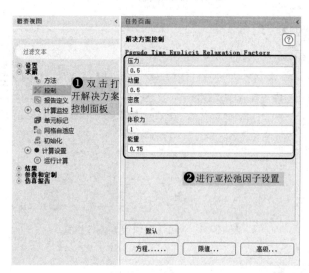

图 10-16　亚松弛因子设置

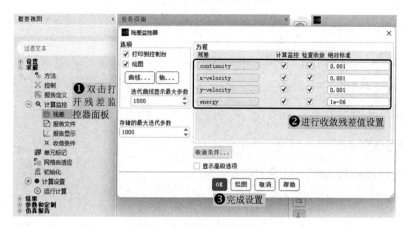

图 10-17　收敛残差值设置

4．设置流场初始化

进行流场初始化设置，如图 10-18 所示。

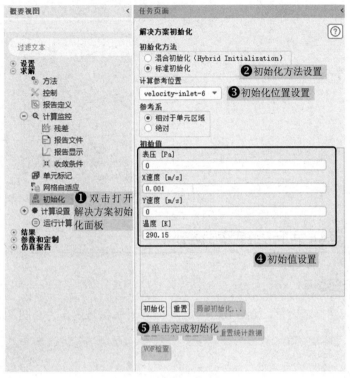

图 10-18　流场初始化设置

5．迭代计算

进行运行计算设置，如图 10-19 所示。

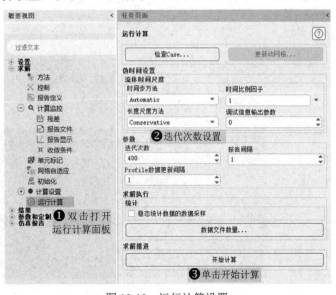

图 10-19　运行计算设置

迭代 135 步后收敛，计算得到残差图如图 10-20 所示。

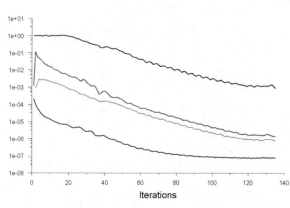

图 10-20　残差图

10.1.4　计算结果后处理及分析

1．压力云图显示

进行压力云图显示设置，如图 10-21 所示。显示计算区域的压力云图，如图 10-22 所示。

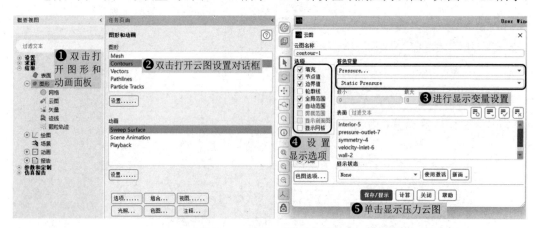

图 10-21　压力云图显示设置

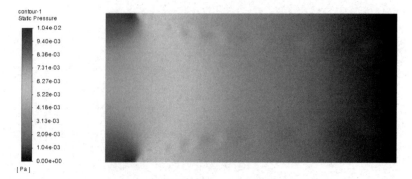

图 10-22　压力云图

2. 速度云图显示

进行速度云图显示设置,如图10-23所示。

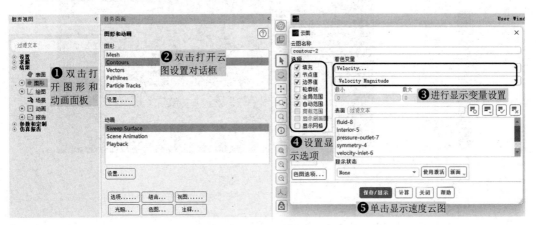

图10-23 速度云图显示设置

显示的速度云图如图10-24所示。

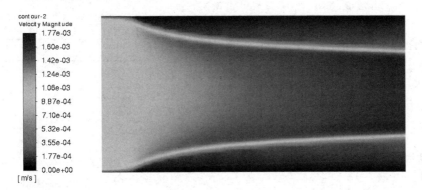

图10-24 速度云图

3. 温度云图显示

进行温度云图显示设置,如图10-25所示。

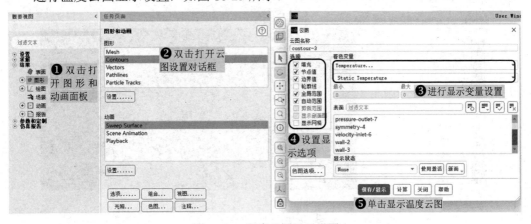

图10-25 温度云图显示设置

显示的温度云图如图 10-26 所示。

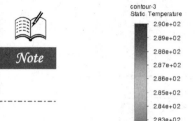

图 10-26　温度云图

4．分子黏性系数云图显示

进行分子黏性系数云图绘制设置，如图 10-27 所示。

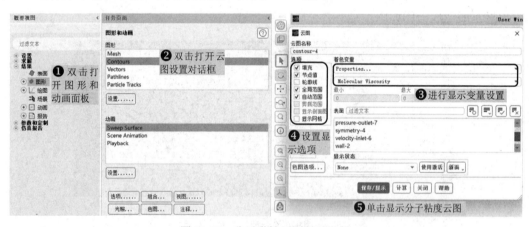

图 10-27　分子黏性云图显示设置

显示的分析黏性云图如图 10-28 所示，温度高的液态金属从左到右流动，由于受到冷却，因此黏性系数随流动方向升高。

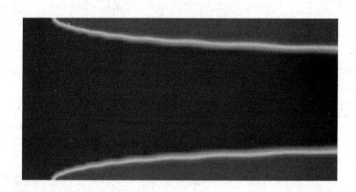

图 10-28　分子黏性云图

10.2 箱子掉落至水中过程的模拟分析

10.2.1 案例简介

本案例的示意图如图 10-29 所示。水缸中只有一部分水，上面部分为空气，一个箱子在 $t=0$ 时刻从图示位置自由落下。在落水之前，箱子受到空气的摩擦阻力和重力的作用。当落入水中之后，它同时还受到浮力的作用。箱子的壁面按照刚体运动规律由"6 自由度"求解计算出其位移，当箱子及其表面边界层附近网格发生位移，它外围的网格就会自动光顺或者重新划分。

"6 自由度"UDF 主要是为了计算移动的物体表面的位移，同时得到当物体落入水中之后产生的浮力（利用 VOF 多相流模型）。物体的重力与受到的水流的浮力决定着物体的运动状态，同时动网格也会随之改变。

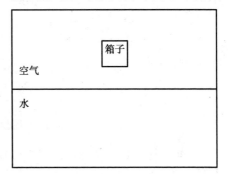

图 10-29 箱子落水的示意图

10.2.2 Fluent 求解计算设置

1. 启动Fluent-2D

在 Workbench 平台启动 Fluent，Fluent 启动界面及设置如图 10-30 所示。

图 10-30 Fluent 启动界面及设置

2. 读入并检查网格

(1) 导入网格，如图 10-31 所示。

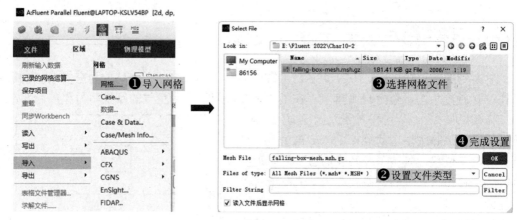

图 10-31 导入网格

(2) 进行网格信息查看及网格质量检查，如图 10-32 所示。

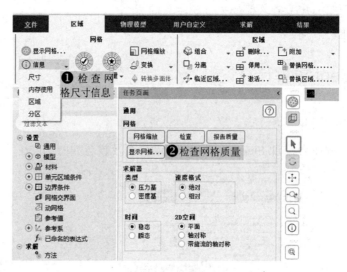

图 10-32 网格检查

3. 设置求解器参数

(1) 进行通用设置，如图 10-33 所示。

(2) 进行粘性模型设置，如图 10-34 所示。

第 10 章　UDF 基础应用分析

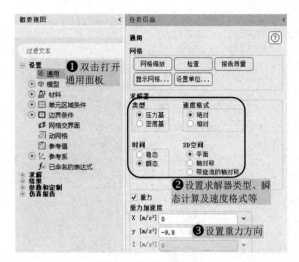

图 10-33　通用设置

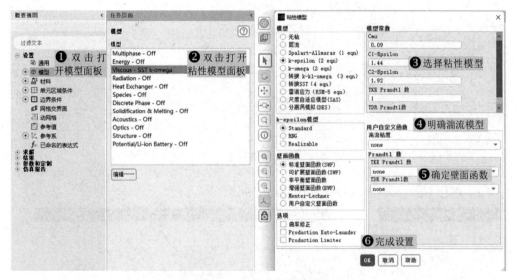

图 10-34　粘性模型设置

4．编写UDF文件并编译

（1）UDF 文件 falling-box-6dof_2d.c 的代码如下。

```
#include "udf.h"

#define BMODULUS 2.2e9
#define rho_ref 1000.0

DEFINE_PROPERTY(water_density,c,t)
{
    real rho;
    real p, dp, p_operating;

    p_operating = RP_Get_Real("operating-pressure");
```

```
    p = C_P(c,t);
    dp = p-p_operating;
    rho = rho_ref/(1.0-dp/BMODULUS);

    return rho;
}

DEFINE_PROPERTY(water_speed_of_sound,c,t)
{
    real a;
    real p, dp, p_operating;

    p_operating = RP_Get_Real ("operating-pressure");
    p = C_P(c,t);
    dp = p-p_operating;
    a = (1.-dp/BMODULUS)*sqrt(BMODULUS/rho_ref);

    return a;
}

DEFINE_SDOF_PROPERTIES(test_box, prop, dt, time, dtime)
{
    prop[SDOF_MASS] = 666.66;
    prop[SDOF_IXX] = 129.6296;
    prop[SDOF_IYY] = 111.1111;
    prop[SDOF_IZZ] = 129.6296;

    printf ("\n2d_test_box: Updated 6DOF properties");
}
```

（2）进行 UDF 文件导入设置，如图 10-35 示。

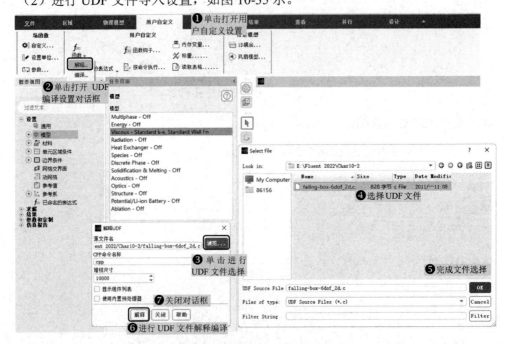

图 10-35　UDF 文件导入设置

第 10 章 UDF 基础应用分析

5. 定义材料物性

（1）进行材料导入设置，如图 10-36 所示。

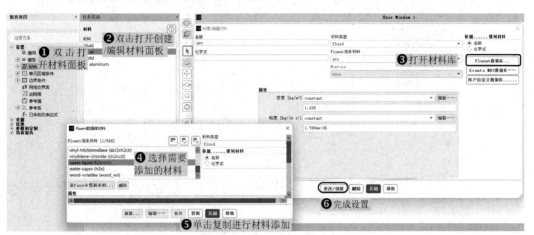

图 10-36　材料导入设置

 进行多相流设置，需要先把材料进行添加，完成后再进行多相流设置。

（2）进行材料参数修改设置，如图 10-37 所示。

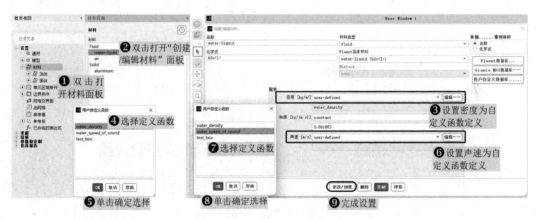

图 10-37　材料参数修改设置

6. 多相流模型设置

（1）开启 VOF 多相流模型设置，如图 10-38 所示。
（2）在（1）的设置对话框中，进行 VOF 多相流材料设置，如图 10-39 所示。

7. 定义工作环境

进行工作密度设置，如图 10-40 所示。

图 10-38 多相流模型设置

图 10-39 多相流材料设置

图 10-40 工作密度设置

8. 设置边界条件

进行压力出口边界条件设置，如图 10-41 所示。

图 10-41　压力出口边界条件设置

9. 动网格设置

（1）进行动网格方法设置，如图 10-42 所示。

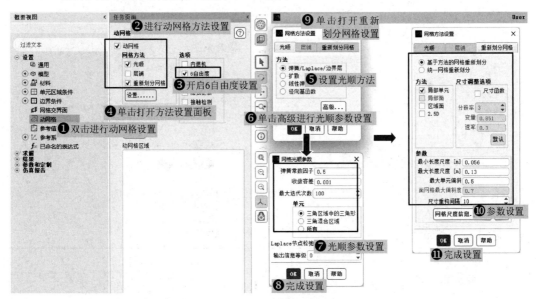

图 10-42　动网格方法设置

（2）进行 Moving_box 物体运动设置，如图 10-43 所示。

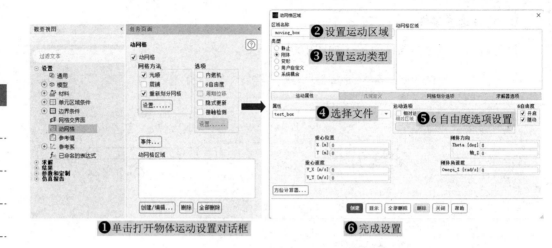

图 10-43 物体运动设置（一）

（3）进行 Moving_fluid 物体运动设置，如图 10-44 所示。

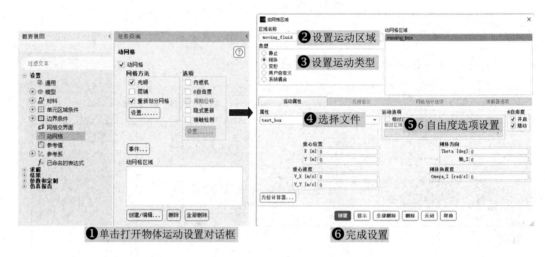

图 10-44 物体运动设置（二）

10.2.3 求解计算

1．求解方法参数

进行求解方法参数设置，如图 10-45 所示。

2．设置亚松弛因子

进行亚松弛因子设置，如图 10-46 所示。

图 10-45　求解方法参数设置

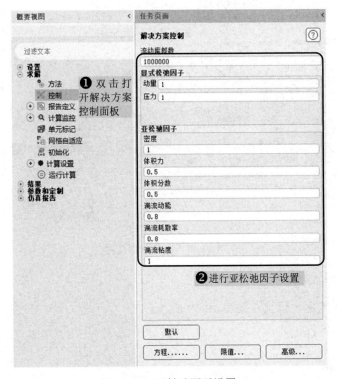

图 10-46　亚松弛因子设置

3. 设置收敛临界值

进行收敛残差值设置，如图10-47所示。

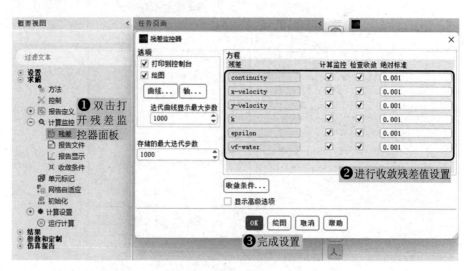

图10-47 收敛残差值设置

4. 变量监测设置

进行箱体下落速度监测设置，如图10-48所示。

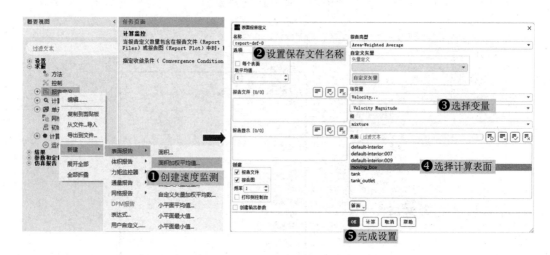

图10-48 速度监测设置

5. 液相区域设置

进行液相区域标记设置，如图10-49所示。

第 10 章 UDF 基础应用分析

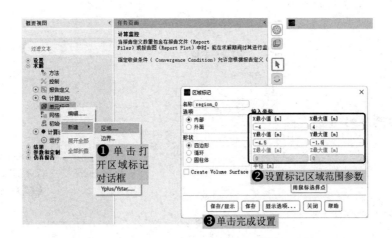

图 10-49 区域标记设置

6. 设置流场初始化

（1）进行流场初始化设置，如图 10-50 所示。

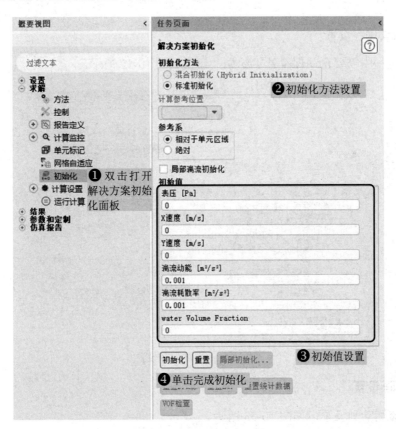

图 10-50 流场初始化设置

（2）在（1）的设置对话框中，单击局部初始化对初始温度进行修补设置，如图 10-51 所示。

图 10-51　局部初始化设置

7. 自动保存设置

计算过程中需要自动保存计算结果，设置如图 10-52 所示。

图 10-52　自动保存设置

8. 动画设置

进行监测动画设置，如图 10-53 所示。

 动画保存的记录间隔是基于后续分析来确定的，如间隔选择越小，则动画捕捉的特征越多。

第 10 章　UDF 基础应用分析

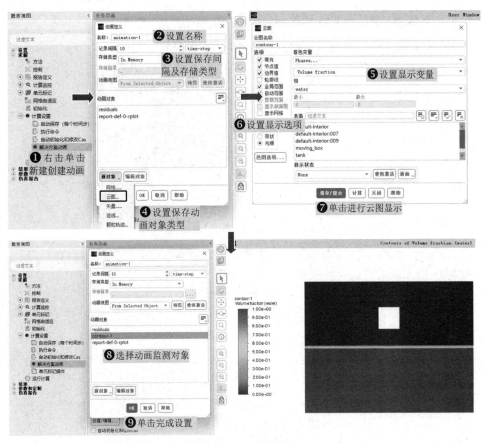

图 10-53　动画设置

9．迭代计算

（1）进行运行计算设置，如图 10-54 所示。

图 10-54　运行计算设置

（2）迭代 4500 步后计算的残差图如图 10-55 所示。

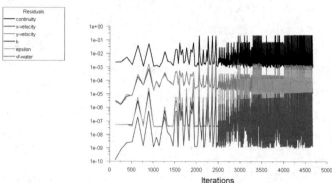

图 10-55　残差图

（3）设置的监测运动物体速度曲线如图 10-56 所示，可知计算时间为 0～0.12 s，此时速度为 0～1.4 m/s。

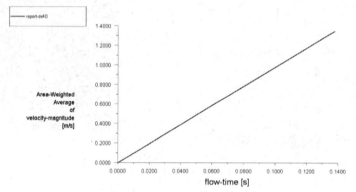

图 10-56　速度曲线

10.2.4　计算结果后处理及分析

1．显示及保存动画

进行动画显示设置，如图 10-57 所示。

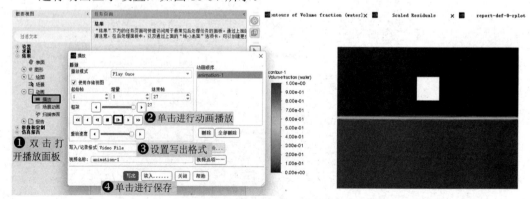

图 10-57　动画显示设置

2. 压力云图显示

进行压力云图显示设置，如图 10-58 所示。显示计算区域的压力云图，如图 10-59 所示。

图 10-58　压力云图显示设置

图 10-59　压力云图

3. 速度云图显示

进行速度云图显示设置，如图 10-60 所示。

图 10-60　速度云图显示设置

显示的速度云图如图 10-61 所示。

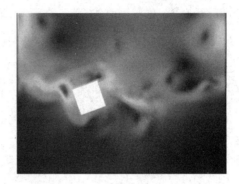

图 10-61　速度云图

4．水的体积分数云图显示

进行水的体积分数云图显示设置，如图 10-62 所示。

图 10-62　体积分数云图显示设置

显示的水的体积分数云图如图 10-63 所示。

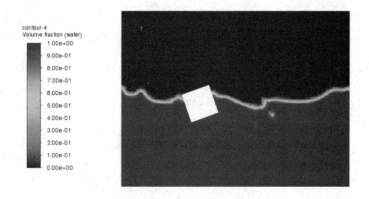

图 10-63　水的体积分数云图

10.3 本章小结

本章在介绍 UDF 基本用法的基础上，通过示范 UDF 在物性参数修改及运动定义中的应用来介绍其基本使用方法。UDF 的具体编写法则可以参考 Fluent 用户手册及参阅帮助中对 UDF 宏命令的介绍。本章通过功能介绍和实例讲解，使读者能够进一步掌握 UDF 的基本用法。

参考文献

[1] 凌桂龙. Fluent 2020 流体计算从入门到精通)[M]. 北京：电子工业出版社，2021.

[2] 刘斌. Fluent 2020 流体仿真从入门到精通[M]. 北京：清华大学出版社，2021.

[3] 刘斌. ANSYS Fluent 2020 综合应用案例详解[M]. 北京：清华大学出版社，2021.

[4] 丁伟. ANSYS Fluent 流体计算从入门到精通（2020 版）[M]. 北京：机械工业出版社，2020.

[5] 潘丽萍，王强，贺铸. 实用多相流数值模拟：ANSYS Fluent 多相流模型及其工程应用[M]. 北京：科学出版社，2020.

[6] 韩占忠，王敬，兰小平. FLUENT 流体工程仿真计算实例与应用（第 2 版）[M]. 北京：北京理工大学出版社，2010.

[7] 吴望一. 流体力学（第 2 版）[M]. 北京：北京大学出版社，2021.

[8] 张德良. 计算流体力学教程[M]. 北京：高等教育出版社，2010.